全国中等医药卫生职业教育"十二五"规划教材

应 用 化 学

（供口腔修复工艺技术专业用）

总 主 编　牛东平（北京联袂义齿技术有限公司）

副总主编　原双斌（山西齿科医院）

主　　编　王改兰（运城市口腔卫生学校）

编　　委　（以姓氏笔画为序）

王改兰（运城市口腔卫生学校）

卢小平（山西师范大学化学与材料科学学院）

张运成（安阳职业技术学院）

赵广龙（山东省青岛卫生学校）

赵培霞（运城市口腔卫生学校）

董希敏（运城护理职业学院）

U0335483

中国中医药出版社

·北 京·

图书在版编目（CIP）数据

应用化学/王改兰主编 . —北京：中国中医药出版社，2014.5（2020.9 重印）
全国中等医药卫生职业教育"十二五"规划教材
ISBN 978 - 7 - 5132 - 1799 - 6

Ⅰ . ①应…　Ⅱ . ①王…　Ⅲ . ①应用化学 – 中等专业学校 – 教材　Ⅳ . ①069

中国版本图书馆 CIP 数据核字（2014）第 025912 号

中 国 中 医 药 出 版 社 出 版
北京经济技术开发区科创十三街 31 号院二区 8 号楼
邮政编码　100176
传真　010 64405750
廊坊市祥丰印刷有限公司印刷
各地新华书店经销

*

开本 787×1092　1/16　印张 10.25　彩插 0.5　字数 235 千字
2014 年 5 月第 1 版　2020 年 9 月第 2 次印刷
书　号　ISBN 978 - 7 - 5132 - 1799 - 6

*

定价　35.00 元
网址　www. cptcm. com

全国中等医药卫生职业教育"十二五"规划教材
专家指导委员会

前　言

"全国中等医药卫生职业教育'十二五'规划教材"由中国职业技术教育学会教材工作委员会中等医药卫生职业教育教材建设研究会组织，全国120余所高等和中等医药卫生院校及相关医院、医药企业联合编写，中国中医药出版社出版。主要供全国中等医药卫生职业学校护理、助产、药剂、医学检验技术、口腔修复工艺专业使用。

《国家中长期教育改革和发展规划纲要（2010－2020年）》中明确提出，要大力发展职业教育，并将职业教育纳入经济社会发展和产业发展规划，使之成为推动经济发展、促进就业、改善民生、解决"三农"问题的重要途径。中等职业教育旨在满足社会对高素质劳动者和技能型人才的需求，其教材是教学的依据，在人才培养上具有举足轻重的作用。为了更好地适应我国医药卫生体制改革，适应中等医药卫生职业教育的教学发展和需求，体现国家对中等职业教育的最新教学要求，突出中等医药卫生职业教育的特色，中国职业技术教育学会教材工作委员会中等医药卫生职业教育教材建设研究会精心组织并完成了系列教材的建设工作。

本系列教材采用了"政府指导、学会主办、院校联办、出版社协办"的建设机制。2011年，在教育部宏观指导下，成立了中国职业技术教育学会教材工作委员会中等医药卫生职业教育教材建设研究会，将办公室设在中国中医药出版社，于同年即开展了系列规划教材的规划、组织工作。通过广泛调研、全国范围内主编遴选，历时近2年的时间，经过主编会议、全体编委会议、定稿会议，在700多位编者的共同努力下，完成了5个专业61本规划教材的编写工作。

本系列教材具有以下特点：

1. 以学生为中心，强调以就业为导向、以能力为本位、以岗位需求为标准的原则，按照技能型、服务型高素质劳动者的培养目标进行编写，体现"工学结合"的人才培养模式。

2. 教材内容充分体现中等医药卫生职业教育的特色，以教育部新的教学指导意见为纲领，注重针对性、适用性以及实用性，贴近学生、贴近岗位、贴近社会，符合中职教学实际。

3. 强化质量意识、精品意识，从教材内容结构、知识点、规范化、标准化、编写技巧、语言文字等方面加以改革，具备"精品教材"特质。

4. 教材内容与教学大纲一致，教材内容涵盖资格考试全部内容及所有考试要求的知识点，注重满足学生获得"双证书"及相关工作岗位需求，以利于学生就业，突出中等医药卫生职业教育的要求。

5. 创新教材呈现形式，图文并茂，版式设计新颖、活泼，符合中职学生认知规律及特点，以利于增强学习兴趣。

6. 配有相应的教学大纲，指导教与学，相关内容可在中国中医药出版社网站

（www. cptcm. com）上进行下载。本系列教材在编写过程中得到了教育部、中国职业技术教育学会教材工作委员会有关领导以及各院校的大力支持和高度关注，我们衷心希望本系列规划教材能在相关课程的教学中发挥积极的作用，通过教学实践的检验不断改进和完善。敬请各教学单位、教学人员以及广大学生多提宝贵意见，以便再版时予以修正，使教材质量不断提升。

中等医药卫生职业教育教材建设研究会

中国中医药出版社

编写说明

本教材供中等卫生职业教育口腔修复工艺专业使用。

面对多年来中等职业卫生类各专业化学教材共用，对口腔修复工艺专业针对性不强的现状，我们编写人员深入生产实践，寻求口腔修复工艺与化学知识的内在联系，与后继学科的教师商榷各学科之间的对接，参阅大量教学参考书籍，吸取多种文本和课内外的课程资源编写了本教材。在教材编写过程中，本着"能力本位，素质同步"的教学理念，坚持以服务为宗旨，"必需、够用"为原则，体现职业定向性的要求，与口腔修复工艺专业的培养目标有机融合，力争使教材适应中等卫生职业教育生源的特点及就业岗位的需求，充分把握学生的学习现状和认知规律，注重学生综合能力的培养。

1. 教材内容打破了原有教材系统性、完整性的学科体系，跨越传统学科的时空局限，进行纵向继承，横向移植，使课程内容具有一定基础性的同时，体现实用性、针对性等特点。

（1）基础性：对基础知识和基本理论的内容取舍有度，既不随意消减，又避免了繁琐的推导、分析和解释，降低了教材难度。

（2）实用性：紧紧围绕培养目标，让每个知识点都能在口腔修复工艺中有明确的落脚，又能恰如其分地与相关课程衔接，使学生感到化学"学能致用"。

（3）针对性：针对口腔修复工艺中的材料和设备，增加了部分原来卫生类化学教材没有的内容，为学生的后续课程学习或实践奠定良好基础。

2. 教材的编写形式上采用知识回顾、链接和拓展模块，为学生的学习搭建"通畅、立交"的课程系列。采用思考和讨论的互动性模块，激发学生的学习兴趣。部分内容带有"﹡"号，为不同层次的学生提供学习空间。

3. 全书按72学时编写，教材内容包括无机化学、有机化学和实践三大部分。理论部分共八章，前五章为无机化学，后三章为有机化学，实践部分共五个实验。

4. 本教材由运城市口腔卫生学校王改兰主编。第五章、第六章、第七章和实践指导由董希敏、卢小平、张运成、赵广龙和赵培霞编写，其余章节由王改兰编写。

教材编写过程中，得到运城市口腔卫生学校领导及北京联袂义齿技术有限公司的大力支持，得到山西师范大学化学与材料科学学院任引哲教授、运城市口腔卫生学校车治中老师和王收年老师的指导和帮助，在此表示衷心感谢！由于编者水平有限，教材中难免有不妥和不足之处，敬请使用本教材的师生们提出意见和建议，以利再版时修改和完善。

王改兰

2014 年 2 月

目　录

绪　　言

一、化学研究的对象

在初中阶段，我们已经学习了化学的一些基础知识和基本技能，认识了**化学是在分子、原子或离子这一层次上，研究物质的组成、结构、性质、变化及其应用的科学**。例如，通过学习化学知道了我们赖以生存的水是由氢和氧两种元素组成，每个水分子是由 2 个氢原子和 1 个氧原子构成的，因此水的分子式是 H_2O，水在直流电的作用下，发生化学反应生成氢气和氧气。这些知识的学习有利于我们对水的深层次认识和利用。

二、化学与口腔修复工艺的关系

对于口腔修复工艺专业的中等职业学生来说，要成为一名具有高素质的实用型、技能型人才，仅仅具备原有的初中化学知识是远远不够的。为适应时代发展和专业需求，与专业的培养目标有机融合，我们需要进一步学习一些与口腔修复工艺有关的化学知识，为今后学习有关课程以及指导生产实践奠定一定的基础。那么，哪些化学知识与口腔修复工艺的培养目标直接有关，而且使用频率较高呢？

口腔修复工艺通俗讲就是进行义齿加工，所谓义齿就是假牙。下面我们以金属烤瓷修复体的制作为例，对口腔修复工艺作简单的了解。其制作环节如下：①制取印模：首先在患者的口腔中用藻酸盐、琼脂或硅橡胶等材料，制取印模；②制作模型及代型：在印模内灌注石膏等材料，形成患者真牙的复制品——模型，再进行模型修整，形成代型；③制作蜡型（熔模）：在修整好的模型上，用蜡制作所需要修复体的形态；④包埋、失蜡：选择合适的材料（主要成分为石英）包埋蜡型，再通过高温去除蜡型后形成空腔（又叫材料转换腔）；⑤铸造：将熔融的金属注入空腔内形成铸件；⑥堆瓷、烧结：在经过表面处理后的金属铸件上，进行多次的堆瓷、烧结，最终形成金属烤瓷修复体。然后戴入患者口腔内。其环节如图 0 – 1 及彩图 2 所示。

思考

你在日常生活里见到过上述环节中的哪些材料？了解它们的物理、化学性质吗？

在制作修复体时还会用到一种比较重要的材料——塑料，见彩图 3。

总之，在修复体的制作中会用到金属、陶瓷、塑料、石膏、蜡、琼脂、藻酸盐和石英等一系列材料。这本教材就是针对以上材料，研究其化学组成、结构、性质及化学变

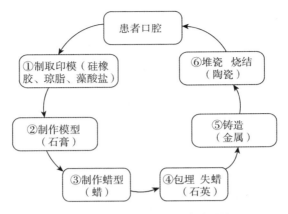

图 0-1　金属烤瓷修复体的制作

化，例如塑料的聚合、石膏的凝固等。这些材料在使用过程中所发生的一些现象，像金属和瓷的化学结合、金属的腐蚀过程，也需要用化学知识来理解。义齿制作环节中用到的一些设备，也会用到化学原理，例如电镀及电解抛光是利用电解原理。同时，随着时代的进步，新材料、新技术、新工艺的不断涌现，也极大地促进了口腔修复工艺的快速发展。比如，用计算机辅助设计－计算机辅助制作（CAD/CAM）系统加工二氧化锆陶瓷修复体，只有了解了二氧化锆的组成、结构和性能，才能保证对材料的正确使用和加工。但是，一些化学反应或现象也会带来对机体的毒性作用或环境的破坏。因此，我们只有学好化学知识，才能科学运用化学原理，制作高质量的义齿，同时避免对人体及环境的危害。

三、如何学好《应用化学》

通过对《应用化学》的学习，将会掌握一些与口腔修复工艺紧密相关的化学概念、化学基本理论和基本知识，训练创造性思维，提高认识问题、解决问题的能力；也希望同学们能从中悟出学习方法——知性、悟性和理性。

学习化学知识，首先要准确、牢固地掌握化学基本概念、基本知识和基本技能，要学会课前预习、紧跟教师思路，不是凭记忆来听课，而是带着问题来听课，应能从教师的讲解中听出一个问题的提出、解决方法和得到的结论。

第二，在学习过程中，要在理解的基础上加强记忆，在记忆的基础上加深理解，理解才能提高，才能自我进行归纳和总结、分析和比较。即预习看书、专心听课、动手实践、总结归纳和做题巩固，循序渐进地学好这门课程。

第三，我们不能仅承认和接受科学是有用的，承认和接受科学所带来的成果，更应该承认和接受科学的精神。

第四，在今后的实践工作中，联系实际不断对化学知识加深理解。

实践活动

组织学生到口腔修复工作室，参观修复体的制作流程及制作修复体的材料和设备，认识化学知识与口腔修复工艺的关系。

第一章　物质结构

 知识要点

1. 原子的构成。
2. 原子核外电子的排布。
3. 原子结构与元素性质的关系。
4. 原子最外层电子数、原子半径和元素性质的周期性变化及其本质。
5. 元素周期表的结构；原子结构、元素性质与元素在周期表中位置的关系。
6. 化学键及离子键、共价键的概念，用电子式表示离子键、共价键的形成过程。
7. 晶体、离子晶体和原子晶体的概念及特征。

我们在初中已经学习了氧、氢、碳、铁等元素和它们的一些化合物，学习了一些有关原子结构的知识，初步了解了元素的性质跟元素原子核外电子层排布的关系等。但对于口腔修复工艺专业的中职学生来说，这些化学知识还远远不够。根据专业的需求，本章将在初中知识的基础上，进一步学习原子结构、元素周期律、化学键，以及晶体结构等基本概念和基础理论，为继续较深入地学习化学知识打下良好基础。

第一节　原子结构

知识回顾

1. 原子是化学变化中的最小微粒。
2. 元素是具有相同核电荷数（即核内质子数）的一类原子的总称。

一、原子的构成

原子是由居于原子中心的带正电荷的原子核和核外带负电荷的电子构成的。原子很小，但原子核又比原子小得多，它的半径约为原子半径的几万分之一，它的体积只占原子体积的几千亿分之一。假设原子是一座庞大的体育场，则原子核只相当于体育场中央的一只蚂蚁。原子核虽小，但结构并不简单，它是由质子和中子构成的。现将构成原子的微粒及其性质归纳于表 1 – 1 中。

表 1 – 1   构成原子的微粒及其性质

构成原子的微粒	电子	原子核	
		质子	中子
电性和电量	带 1 个单位负电荷	带 1 个单位正电荷	电中性
质量/kg	9.1094×10^{-31}	1.6726×10^{-27}	1.6749×10^{-27}

原子作为一个整体为电中性，而核电荷数又是由质子数决定的，因此，

核电荷数 = 核内质子数 = 核外电子数

不同种类的原子，核内质子数不同，核外电子数也不同。

从表 1 – 1 可以看出，电子的质量很小，仅约为质子质量的 1/1836。因此，原子的质量主要集中在原子核上。

思考

分析阳离子和阴离子中，核电荷数、核内质子数和核外电子数三者之间的关系。

二、原子核外电子的排布

(一) 核外电子的分层排布

在氢原子中只有 1 个电子，这个电子在核外空间一定区域内作高速的运动。在含有多个电子的原子里，由于电子的能量不相同，因此，它们运动的区域也不相同。通常能量低的电子在离核较近的区域运动，而能量高的电子在离核较远的区域运动。根据这个差别，我们可以把核外电子运动的不同区域看成不同的电子层，并用 $n = 1$、2、3、4、5、6、7 或 K、L、M、N、O、P、Q 表示从内到外的电子层。n 的数值越小，表示电子离核越近，电子的能量越低；反之，n 的数值越大，表示电子离核越远，电子的能量就越高。

核外电子的分层运动，又叫核外电子的分层排布。表 1 – 2 给出了核电荷数为 1 ~ 20 的元素原子核外电子排布情况。

表 1 – 2   核电荷数为 1 ~ 20 的元素原子核外电子层排布

核电荷数	元素名称	元素符号	各电子层的电子数			
			K	L	M	N
1	氢	H	1			
2	氦	He	2			
3	锂	Li	2	1		
4	铍	Be	2	2		

核电荷数	元素名称	元素符号	各电子层的电子数			
			K	L	M	N
5	硼	B	2	3		
6	碳	C	2	4		
7	氮	N	2	5		
8	氧	O	2	6		
9	氟	F	2	7		
10	氖	Ne	2	8		
11	钠	Na	2	8	1	
12	镁	Mg	2	8	2	
13	铝	Al	2	8	3	
14	硅	Si	2	8	4	
15	磷	P	2	8	5	
16	硫	S	2	8	6	
17	氯	Cl	2	8	7	
18	氩	Ar	2	8	8	
19	钾	K	2	8	8	1
20	钙	Ca	2	8	8	2

讨论

你能从表 1-2 中找出核外电子排布的规律吗?

(二) 核外电子的排布规律

从表 1-2 中可以发现,多电子原子的核外电子的分层排布是有一定规律性的。

首先,在通常情况下,核外电子总是尽先占据能量最低的电子层,然后由里向外,依次排布在能量逐步升高的电子层里。即电子尽先占据 K 层,排满之后才进入 L 层,排满了 L 层再进入 M 层,依次类推。

第二,不同的电子层,所能容纳的电子数目是有限定的。各电子层最多容纳的电子数为 $2n^2$ 个:

$$n = 1 \quad K \text{ 层} \quad \text{最多容纳的电子数为 } 2 \times 1^2 = 2 \text{ 个}$$

$$n = 2 \quad L \text{ 层} \quad \text{最多容纳的电子数为 } 2 \times 2^2 = 8 \text{ 个}$$

$$n = 3 \quad M \text{ 层} \quad \text{最多容纳的电子数为 } 2 \times 3^2 = 18 \text{ 个}$$

第三,不论有几个电子层,最外电子层所能容纳的电子数不超过 8 个 ($n = 1$ 的最内层为特例,即 K 层不能超过 2 个);次外层电子数不超过 18 个;倒数第 3 层电子数不超过 32 个。

这些规律相互联系与制约，缺一不可。例如，当 M 层不是最外层时最多可以排 18 个电子，而当它是最外层时，则最多只能排 8 个电子。电子在原子核外运动的情况非常复杂，人们还在不断地研究和认识。

（三）原子结构示意图和电子式

为了反映原子结构，化学上常用不同方式来表示原子的结构情况。最简单的有原子结构示意图和电子式两种表示法。

1. 原子结构示意图　用小圆圈表示原子核，圆圈内的 +X 表示核电荷数，弧线表示电子层，弧线上的数字表示该电子层上的电子数。原子结构示意图简单明了，图1-1 给出了 4 种元素的原子结构示意图：

图 1 - 1　原子结构示意图

2. 电子式　用元素符号表示原子核和内层电子，并在元素符号周围用·或×表示原子最外层的电子。核电荷数为 11 ~ 18 的元素原子的电子式如下：

Na·	·Mg·	·Al·	·Si·	·P·	·S·	:Cl·	:Ar:
钠原子	镁原子	铝原子	硅原子	磷原子	硫原子	氯原子	氩原子

思考

写出核电荷数为 3 ~ 10 的元素原子结构示意图和电子式，并从中找出规律。

三、原子结构与元素性质的关系

原子的电子层结构与元素的性质有着非常密切的关系。例如，最外电子层全排满的稀有气体原子（除氦的最外层电子数为 2，其余均为 8 个电子），它们的化学性质很稳定，一般不与其他物质发生化学反应。因此，可以认为最外层有 8 个电子（K 层为最外层有 2 个电子）的结构是一种稳定结构。而其他元素的原子都有得到或失去电子，使其最外层达到稳定结构的倾向。

（一）元素的金属性

金属元素的原子最外层电子数一般少于 4 个，在化学反应中比较容易失去电子，使次外层变为最外层，达到 8 个电子的稳定结构。通常把**原子失去电子而变成阳离子的性质称为元素的金属性**。元素的原子越容易失去电子，金属性就越强，生成的阳离子也就越稳定。例如：

钾（K）　　钠（Na）　　镁（Mg）　　铝（Al）
金属性依次减弱（原子失去电子的能力依次减弱）

（二）元素的非金属性

非金属元素的原子最外层电子数一般多于 4 个，在化学反应中比较容易得到电子，使最外层成为 8 个电子的稳定结构。通常把**原子得到电子而变成阴离子的性质称为元素的非金属性**。元素的原子越容易得到电子，则非金属性就越强，生成的阴离子也就越稳定。例如：

氟（F）　　氯（Cl）　　溴（Br）　　碘（I）
非金属性依次减弱（原子得到电子的能力依次减弱）

第二节　元素周期律和元素周期表

一、元素周期律

自然界中一切客观事物都是互相联系和具有内部规律的，为了认识元素之间的相互关系和内在规律，将核电荷数为 1～20 的元素原子的最外层电子数、原子半径、最高正化合价/负化合价以及元素的金属性和非金属性等列于表 1 – 3，并在后面分别加以讨论。

表 1 – 3　第 1～20 号元素性质的周期性变化

原子序数	元素名称	元素符号	最外层电子数	原子半径（pm）	最高正化合价/负化合价	金属性和非金属性
1	氢	H	1	37	+1	非金属元素
2	氦	He	2		0	稀有气体元素
3	锂	Li	1	152	+1	活泼金属元素
4	铍	Be	2	111	+2	金属元素
5	硼	B	3	88	+3	不活泼非金属元素
6	碳	C	4	77	+4，－4	非金属元素
7	氮	N	5	70	+5，－3	活泼非金属元素
8	氧	O	6	66	－2	很活泼非金属元素
9	氟	F	7	64	－1	最活泼非金属元素
10	氖	Ne	8		0	稀有气体元素
11	钠	Na	1	186	+1	很活泼金属元素
12	镁	Mg	2	160	+2	活泼金属元素
13	铝	Al	3	143	+3	金属元素
14	硅	Si	4	117	+4，－4	不活泼非金属元素
15	磷	P	5	110	+5，－3	非金属元素
16	硫	S	6	104	+6，－2	活泼非金属元素
17	氯	Cl	7	99	+7，－1	很活泼非金属元素
18	氩	Ar	8		0	稀有气体元素
19	钾	K	1	227	+1	很活泼金属元素
20	钙	Ca	2	197	+2	活泼金属元素

注：由于测定稀有气体元素原子半径的依据与其他元素不同，所以这里空着，不作讨论。

　　为了方便，人们按核电荷数从小到大的顺序给元素编号，这种序号叫作**元素的原子序数**。显然，原子序数与该元素原子的核电荷数相等，即：

原子序数 = 核电荷数

　　比较表中各种元素的性质，可以发现，随着原子序数的增大，元素的各种性质都呈现了一种周期性的变化，即每间隔一定数目的元素之后，又出现了与前面元素性质相类似的元素。

（一）原子最外层电子数的周期性变化

　　随着原子序数的递增，元素原子最外层电子数从 1 个递增到 8 个。如从锂到氖、从钠到氩（K 层最多为 2 个电子，所以只有氢和氦），达到 8 个电子稳定结构后，又会重复这种情况。

（二）原子半径的周期性变化

　　原子半径的大小主要决定于原子的核电荷数和核外电子层数：电子层数越多，原子的半径就越大。具有相同电子层数的原子，随着原子序数的递增，核电荷数越大，原子核对外层电子的吸引力越大，原子半径由大逐渐变小（图 1-2）。

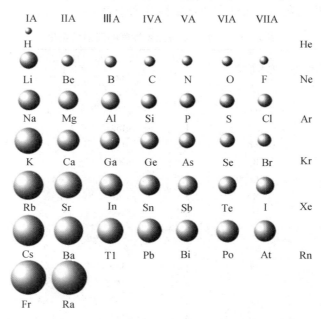

图 1-2　一些元素原子半径的周期性变化

（三）元素性质的周期性变化

　　1. 化合价　元素的化合价是指一种元素一定数目的原子跟其他元素一定数目的原子化合的性质。化合价有正价和负价。元素的最高正化合价周期性地从 +1 价依次递变到 +7 价（氧、氟例外）；非金属元素的负价周期性地从 -4 价依次递变到 -1 价。并且，非金属元素的最高正价与负价绝对值之和等于 8。稀有气体元素的化合价看作为 0。

2. 金属性和非金属性 具有相同电子层数的原子，随着原子序数的递增，从活泼金属开始，元素的金属性逐渐减弱，非金属性逐渐增强，到活泼的非金属——卤素，最后是 8 个电子稳定结构的稀有气体。

如果对 20 号以后的元素也进行讨论，同样会发现，这些周期性变化的规律也是基本符合的。也就是说在间隔一定数目的元素后，又会出现和前面元素相类似的性质。由此可归纳为：**元素的性质随着原子序数（核电荷数）的递增呈现周期性变化，这个规律叫作元素周期律。**

元素周期律深刻地揭示了原子结构和元素性质的内在联系，元素性质的周期性变化是元素原子核外电子排布的周期性变化的必然结果。还应该指出，元素性质的这种周期性变化，并不是简单地、机械地重复，而是在相似性上的发展和运动。

二、元素周期表

根据元素周期律，把已确认的 112 种元素中电子层数相同的各种元素，按原子序数递增顺序从左到右排成横行，再把不同横行中最外电子层上电子数相同、性质相似的元素，按电子层数递增顺序从上到下排成纵列，这样制成的一张表称为**元素周期表**（见书后附表）。元素周期表是元素周期律的具体表现形式，它反映了元素间相互联系和变化的规律，并为学习化学提供了重要的依据。

（一）元素周期表的结构

1. 周期 元素周期表中，每一个横行称为一个周期，共有 7 个周期，依次用 1、2、3…7 数字来表示。具有相同的电子层数而又按照原子序数递增顺序排列的一系列元素，称为一个**周期。周期的序数就是该周期元素原子具有的电子层数。**

各周期元素的数目不完全相同。第 1 周期只有 2 种元素，第 2、3 周期各有 8 种元素，第 4、5 周期各有 18 种元素，第 6 周期有 32 种元素。含元素较少的第 1、2、3 周期称为**短周期**；含元素较多的第 4、5、6 周期称为**长周期**。第 7 周期至今只发现 26 种元素，还未填满，称为**不完全周期**。

第 6 周期中 57 号元素镧到 71 号元素镥，共 15 种元素，它们的电子层结构和性质非常相似，总称为镧系元素；第 7 周期中也有一组类似的锕系元素。为了使周期表的结构紧凑，将它们按原子序数递增顺序分列两个横行排在表的下方，实际上它们每一种元素在周期表中还是各占一格。

2. 族 元素周期表中共有 18 列，除第 8、9、10 三列统称为第Ⅷ族外，其余 15 列，每列标为一个**族**。族的序数用罗马数字Ⅰ、Ⅱ、Ⅲ、Ⅳ、Ⅴ、Ⅵ、Ⅶ等表示。

族可分为主族、副族、第Ⅷ族和 0 族。

（1）主族 由短周期元素和长周期元素共同构成的族称为**主族**。共有 7 个主族，在族序数后标"A"字，如ⅠA（碱金属族），ⅡA（碱土金属族），ⅢA（硼族），ⅣA（碳族），ⅤA（氮族），ⅥA（氧族），ⅦA（卤族）。**主族序数等于该主族元素的最外**

层电子数。

（2）副族　完全由长周期元素构成的族称为**副族**。共有 7 个副族，在族序数后标"B"字，如ⅠB（铜族）、ⅡB（锌族）、ⅢB（钪族）、ⅣB（钛族）、ⅤB（钒族）、ⅥB（铬族）、ⅦB（锰族）。

（3）第Ⅷ族　由长周期元素第 8、9、10 三列构成的族称为**第Ⅷ族**，共包括 9 种元素。在第Ⅷ族中，由于它们在横向比纵向的元素性质还要相似，因此，第Ⅷ族分成两个系。铁、钴、镍的化学性质相似，在自然界常伴生在一起，这三种元素叫作铁族元素或铁系元素；钌、铑、钯、锇、铱、铂这六种元素性质相似，在自然界也常伴生在一起，称为铂族元素或铂系元素。又把金、银和铂族元素称为**贵金属**。通常把第Ⅷ族和全部副族元素称为**过渡元素**。

（4）0 族　由稀有气体元素构成的族称为 0 族；0 族元素原子的最外层电子结构为稳定结构，化学性质很不活泼，在通常情况下难以发生化学变化，它们的化合价可看作 0，因而叫作 **0 族**。

综上所述，在周期表中共有 16 个族；其中 7 个主族、7 个副族、1 个第Ⅷ族、1 个 0 族。

知识拓展

氩　气

氩气（Ar）是一种无色、无味的惰性气体（又称稀有气体），密度为 1.784kg/m^3，沸点为 $-185.7℃$。它的性质很不活泼，既不能燃烧，也不助燃。对特殊金属，例如铝、镁、铜及其合金和不锈钢，在焊接时往往用氩气作为保护气，防止焊接件被空气氧化或氮化。

思考

主族元素的原子结构与元素在周期表中的位置有什么关系？

（二）元素性质与元素在周期表中位置的关系

元素在周期表中的位置，反映了该元素的原子结构和一定的性质。因此，可以根据某元素在周期表中的位置，推断它的原子结构和性质；同样，也可以根据元素的原子结构，推测它在周期表中的位置。

1. 元素的金属性和非金属性与元素在周期表中位置的关系　在同一周期中，各元素的原子核外电子层数虽然相同，但从左到右，核电荷数依次增多，原子半径逐渐减小，原子核对最外层电子的引力逐渐增大，原子失电子能力逐渐减弱，得电子能力逐渐增强，因此同一周期中，**从左到右，元素的金属性逐渐减弱，非金属性逐渐增强**。

在同一主族的元素中，由于从上到下电子层数依次增多，原子半径依次增大，虽然核电荷数也逐渐增多，但原子半径的增大起主要作用，原子核对最外层电子的引力逐渐减弱，原子失电子能力逐渐增强，得电子能力逐渐减弱，所以同一主族中，**从上到下，元素的金属性逐渐增强，非金属性逐渐减弱。**

副族元素和第Ⅷ族元素化学性质的变化规律比较复杂，但它们的最外层中都含有 1~2 个电子，电子层的结构差别大都在次外层上。因此，这些元素的原子易形成阳离子，也就是说这些元素都是金属元素，性质比较相似，从左到右，性质变化比较缓慢。一般在同一副族中，核电荷数的增多所产生的影响是主要的。从上到下，随着核电荷数的增加，原子吸引电子的能力逐渐加大；失电子的倾向减小，得电子的倾向加大。所以，同一副族中，从上到下元素的金属性一般有所减弱。例如，锌、镉、汞的金属性依次稍有减弱。

我们还可以在周期表中对金属元素和非金属元素进行分区（表 1-4）。沿着周期表中硼、硅、砷、碲、砹跟铝、锗、锑、钋之间划一条虚线，虚线的左下方是金属元素区，右上方是非金属元素区。周期表的左下角是金属性最强的元素——铯，右上角是非金属性最强的元素——氟。最右一个纵列是稀有气体元素。由于元素的金属性、非金属性没有严格的界线，位于分界线附近的元素，既表现某些金属性，又表现某些非金属性。

表 1-4　元素金属性和非金属性的递变

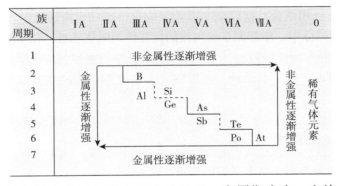

2. 元素化合价与元素在周期表中位置的关系　在周期表中，主族元素的最高正化合价等于它所在族的序数（O、F 除外），这是因为族序数与最外层电子（即价电子）数相同，例如钠、钾等最外层都只有 1 个电子，属于 IA 族，都是 +1 价。非金属元素的最高正化合价，等于原子所失去或偏移的最外层的电子数；而它的负化合价，则等于原子最外层达到 8 个电子稳定结构所需要得到的电子数。例如氯属于ⅦA 族，原子最外层电子数为 7，最高正化合价是 +7，而负化合价是 -1。因此，非金属元素的最高正化合价和它的负化合价的绝对值的和等于 8。

副族和第Ⅷ族元素的化合价比较复杂，这里就不讨论了。

思考

　　试根据元素在周期表中的位置，写出 C、Si、N、P、S 最高价氧化物和氢化物的分子式。

三、元素周期律和元素周期表的意义

元素周期表是学习和研究化学的一种重要工具。元素周期表是元素周期律的具体表现形式，它反映了元素之间的内在联系，是对元素的一种很好的自然分类。我们可以利用元素的性质、元素在周期表中的位置和元素的原子结构三者之间的密切关系，指导对化学的学习和研究。

人们在元素周期律和周期表的指导下，对元素的性质进行系统的研究，对物质结构理论的发展起到了一定的推动作用。为新元素的发现及预测它们的原子结构和性质提供了线索。比如，可以在周期表里金属与非金属的分界处找到半导体材料，如硅、锗、硒、镓等。我们还可以在过渡元素中寻找耐高温、耐腐蚀的合金材料，等等。

元素周期律的重要意义，还在于它从自然科学方面有力地论证了事物变化中量变引起质变的规律性。

第三节　化学键

在学习了原子结构以后，我们必然会想到为什么仅仅这一百多种元素能形成几百万种形形色色、性质各异的物质呢？物质中原子是怎样相互结合，化合物中原子又为什么总是按着一定的数目相结合？这就是本节学习的化学键知识所涉及的内容。

一般把分子或晶体中，**相邻原子间强烈的相互作用叫化学键**。化学键是决定分子性质的主要因素。一个化学反应的过程，本质上就是旧化学键断裂和新化学键形成的过程。

化学键主要有离子键、共价键、金属键（金属键在后面的章节学习）等类型。

一、离子键

（一）离子键的形成

下面以氯化钠为例来说明离子键的形成。

金属钠与氯气在加热条件下能发生剧烈反应生成氯化钠，同时释放出大量热。

$$2Na + Cl_2（气）\xrightarrow{点燃} 2NaCl（固）+ 822.16kJ$$

那么，NaCl 是怎样形成的呢？

由于钠原子的最外层只有一个电子，容易失去 1 个电子；氯原子最外层有 7 个电子，容易得到 1 个电子，而使双方最外层都成为 8 个电子的稳定结构。当金属钠与氯气反应时，就发生了这种电子的转移，形成了具有稳定结构的带正电荷的钠离子（Na^+）和带负电荷的氯离子（Cl^-），它们通过静电引力相互吸引；与此同时，两个原子的原子核之间、核外电子之间产生排斥力。当吸引力和排斥力达到平衡时就形成

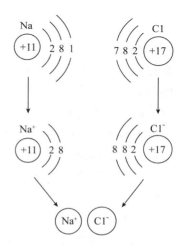

图 1－3　氯化钠的形成过程

了稳定的化学键，如图 1 – 3 所示。这种阴、阳离子之间通过静电作用而形成的化学键，称为**离子键**。

活泼金属元素（K、Na、Ca、Mg 等）和活泼非金属元素（F、O、Cl 等）之间化合时都形成离子键。例如：$NaCl$、CaF_2、KBr、MgO 等都是由离子键而形成的化合物。

离子键的形成过程，可用电子式表示。例如：

氯化钠（NaCl）　　　$Na^{×} + \cdot \overset{\cdot\cdot}{\underset{\cdot\cdot}{Cl}} : \longrightarrow Na^+ \left[: \overset{\cdot\cdot}{\underset{\cdot\cdot}{Cl}} : \right]^-$

氟化钙（CaF_2）　　$: \overset{\cdot\cdot}{\underset{\cdot\cdot}{F}} \cdot + {}^{×}Ca^{×} + \cdot \overset{\cdot\cdot}{\underset{\cdot\cdot}{F}} : \longrightarrow \left[: \overset{\cdot\cdot}{\underset{\cdot\cdot}{F}} {}^{×} \right]^- Ca^{2+} \left[{}^{×} \overset{\cdot\cdot}{\underset{\cdot\cdot}{F}} : \right]^-$

溴化钾（KBr）　　　$K^{×} + \cdot \overset{\cdot\cdot}{\underset{\cdot\cdot}{Br}} : \longrightarrow K^+ \left[{}^{×} \overset{\cdot\cdot}{\underset{\cdot\cdot}{Br}} : \right]^-$

氧化镁（MgO）　　　$^{×}Mg^{×} + \cdot \overset{\cdot\cdot}{\underset{\cdot\cdot}{O}} \cdot \longrightarrow Mg^{2+} \left[: \overset{\cdot\cdot}{\underset{\cdot\cdot}{O}} {}^{×}_{×} \right]^{2-}$

（二）离子化合物

由离子键形成的化合物称为离子化合物。例如 KCl、CaO、$MgBr_2$ 等都是离子化合物。

在离子化合物中，离子所带的电荷数，等于它的化合价数。如 Na^+、K^+ 是 +1 价，Ca^{2+}、Mg^{2+} 是 +2 价，Cl^-、Br^- 是 –1 价、O^{2-}、S^{2-} 是 –2 价。

思考

> *用电子式表示 Na_2O 的形成过程。*

二、共价键

（一）共价键的形成

当吸引电子能力相同或相差不大的元素的原子间相互作用时，电子不能从一种元素的原子转移到另一种元素的原子上去，在这种情况下双方通过共用电子对形成了共价键。例如，两个氢原子形成氢分子时，由于得失电子的能力相同，电子不是从一个氢原子转移到另一个氢原子，而是在两个氢原子间形成共用电子对，同时围绕两个氢原子核运动，使每个氢原子都具有 2 个电子的稳定结构。这样两个氢原子通过共用电子对结合成一个氢分子。这种**原子间通过共用电子对而形成的化学键，称为共价键。**

共价键的形成过程，可用电子式表示，也可用一根短线表示一对共用电子，例如：

氢气　（H_2）　　　$H \cdot + \cdot H \longrightarrow H : H \qquad H—H$

氯气　（Cl_2）　　　$: \overset{\cdot\cdot}{\underset{\cdot\cdot}{Cl}} \cdot + \cdot \overset{\cdot\cdot}{\underset{\cdot\cdot}{Cl}} : \longrightarrow : \overset{\cdot\cdot}{\underset{\cdot\cdot}{Cl}} : \overset{\cdot\cdot}{\underset{\cdot\cdot}{Cl}} : \qquad Cl—Cl$

氮气　（N_2）　　　$: \overset{\cdot}{N} \cdot + \cdot \overset{\cdot}{N} : \longrightarrow : N ⫶ N : \qquad N≡N$

氯化氢（HCl）　　　$H^{×} + \cdot \overset{\cdot\cdot}{\underset{\cdot\cdot}{Cl}} : \longrightarrow H {}^{×}_{\cdot} \overset{\cdot\cdot}{\underset{\cdot\cdot}{Cl}} : \qquad H—Cl$

（二）共价化合物

全部由共价键形成的化合物称为共价化合物。例如 HCl、H_2O、H_2S、CO_2、NH_3、HBr 等都是以共价键结合的分子，都属于共价化合物。

在共价化合物中，元素的化合价是该元素一个原子与其他原子间形成共用电子对的数目。由于元素原子的种类不同，吸引电子的能力也不同，共用电子对会偏向吸引电子能力强的一方。所以，共用电子对偏向的一方为负价，偏离的一方为正价。例如 HCl 中，H 为 +1 价，Cl 为 −1 价；H_2O 中，H 为 +1 价，O 为 −2 价；NH_3中，H 为 +1 价，N 为 −3 价。

思考

共价键与离子键的本质区别是什么？

（三）共价键的类型

根据共用电子对的电荷分布是否对称（均匀、偏移），还可进一步将共价键分为非极性共价键和极性共价键。

1. 非极性共价键　由同种元素的原子形成的共价键，两个原子吸引电子的能力相同，共用电子对不偏向任何一个原子，这种共价键称为**非极性共价键**，简称**非极性键**。例如：H—H 键、Cl—Cl 键、N≡N 键都是非极性键。

2. 极性共价键　由不同种元素的原子形成的共价键，由于原子吸引电子的能力不同，共用电子对必然偏向吸引电子能力较强的原子一方，使其带部分负电荷，而使吸引电子能力较弱的原子带部分正电荷，这样的共价键称为**极性共价键**，简称**极性键**。例如：H—Cl 键是极性键，共用电子对偏向 Cl 原子一方，使 Cl 原子带部分负电荷，H 原子带部分正电荷。两个成键原子吸引电子的能力相差越大，形成的共价键的极性越强。例如：键的极性 H—F > H—Cl > H—Br。

知识拓展

键长　键角　键能

键长：分子中 2 个成键原子间的平均核间距。

键角：分子中 1 个原子与另外 2 个原子形成的两个共价键之间的夹角。

键能：分子中两个原子之间形成一个化学键所释放的能量。

键能越大，键长越短，化学键越稳定。

第四节 晶体结构

在日常生活中，我们常看到很多固体，如金属、玻璃、陶瓷、塑料、橡胶等等。这些固体的结构有区别吗？

在日常生活中，我们接触和使用到许多固态物质。比如石蜡和玻璃，作为黏结剂的沥青等，这些固体内部的粒子排列不规则，所以没有一定的几何外形，人们称为**非晶体**或**无定形体**（又称**玻璃体**）。自然界中纷飞的雪花，晶莹的水晶，调味用的食盐，作甜味剂的蔗糖等，这些固体内部的粒子（分子、原子、离子）在三维空间里呈周期性有规则地排列，所以都有着一定的、整齐的、规则的几何外形，还有着固定的熔点，人们称为**晶体**。

在晶体中，用点表示粒子所处的位置，并用直线把各点连接起来，如此获得的几何图形，人们称为**晶格**，它可以反映晶体中各粒子的空间位置关系。**晶胞**为晶格的基本单位，就好比蜂巢里的蜂室，如图 1-4 所示。

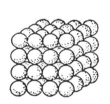 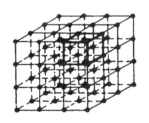

图 1-4 晶格示意图

根据构成晶体的粒子种类及粒子之间的相互作用，可将晶体分为离子晶体、原子晶体、分子晶体和金属晶体四大类型。另外，还存在许多混合型晶体。晶体的结构决定了晶体的性质，如熔点、密度、硬度、延展性等。本章主要学习离子晶体和原子晶体。

一、离子晶体

我们知道，NaCl 是离子化合物，在 NaCl 中，Na^+ 和 Cl^- 以离子键相结合。在化合物中，像 NaCl 这样以离子键相结合的离子化合物还很多，如 CaF_2、CsCl、KNO_3 等，它们在室温下都以晶体形式存在。像这样**离子间通过离子键结合而成的晶体叫作离子晶体**。

在离子晶体中，阴、阳离子是按一定规律在空间排列的。下面以 NaCl 晶体为例来探讨离子晶体的结构。在 NaCl 晶体中，每个 Na^+ 同时吸引着 6 个 Cl^-，每个 Cl^- 也同时吸引着 6 个 Na^+，Na^+ 和 Cl^- 以离子键相结合，如图 1-5。可以看出，在离子晶体中，构成晶体的粒子是离子，不存在单个的 NaCl 分子，但是，Na^+ 和 Cl^- 的个数比为 1 : 1。所以，NaCl 是表示离子晶体中离子个数比的化学式，而不是表示分子组成的分子式。

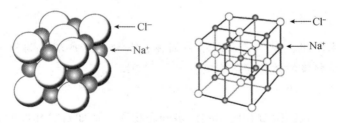

图 1 - 5　NaCl 晶体结构模型

在离子晶体中，离子间存在着较强的离子键，使离子晶体的硬度较大，难于压缩。要使离子晶体由固态变成液态或气态，需要较多的能量破坏这些较强的离子键，因此，离子晶体具有较高的熔点和沸点。如 NaCl 的熔点为 801℃，沸点为 1413℃；CsCl 的熔点为 645℃，沸点为 1290℃。

NaCl 晶体不导电，但在熔融状态下或水溶液中却能导电。当离子晶体受热熔化时，随着温度的升高，离子的运动加快，克服了阴、阳离子间的引力，产生了能自由移动的阴、阳离子，所以，熔融的 NaCl 能导电。NaCl 晶体易溶于水，当 NaCl 溶解在水中时，由于受水分子的吸引作用，使 Na^+ 和 Cl^- 之间的作用力减弱，NaCl 电离成自由移动的离子，所以，NaCl 水溶液也能导电。

二、原子晶体

原子晶体是指在晶体里所有相邻原子都以共价键相互结合，整块晶体是一个三维的共价键网状结构，是一个"巨型分子"，又称**共价晶体**。

金刚石是原子晶体，常呈现规则的多面体外形。在金刚石晶体中，每个碳原子都以 4 个共价键对称地与相邻的 4 个碳原子结合，构成彼此相联的立体网状结构，如图 1 - 6 所示。

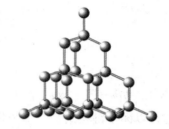

图 1 - 6　金刚石及其晶体结构模型

金刚石里的 C—C 共价键很短，键的强度很大，要破坏它需要很大的能量，这一结构使金刚石在所有已知晶体中硬度最大，而且熔点也很高，见表 1 - 5。

表 1-5 几种原子晶体的熔点和硬度

原子晶体	金刚石（C）	氮化硼（BN）	碳化硅（SiC）	石英（SiO_2）
熔点（℃）	>3550	3000	2700	1710
硬度（°）	10	9.5	9.5	7

氮化硼（BN）和碳化硅（SiC 俗名金刚砂）在口腔修复工艺中常用于制作削磨工具。SiO_2 是自然界里许多矿物和岩石的主要成分。

在原子晶体中，构成晶体的粒子是原子。高硬度、高熔点是原子晶体的特性。原子晶体也不导电。

思考

1. 试分析 SiO_2 的晶体结构。
2. 列表比较离子晶体和原子晶体的结构粒子、化学键和特性。

有些晶体属于**混合型晶体**。例如，层状结构的石墨晶体，如图 1-7（a）。在每一层内，碳原子排成六边形，每个碳原子都与其他 3 个碳原子以共价键结合，形成平面的网状结构，如图 1-7（b）所示。由于同一层的碳原子间以较强的共价键结合，使石墨的熔点很高，但层与层之间的作用力较弱，容易滑动，使石墨硬度很小。层与层之间的电子较自由，相当于金属中的自由电子，所以石墨能导电和导热，在电解池中可做电极使用。再如，天然硅酸盐之一云母也是一种片层晶体。云母很容易一层层剥离，但垂直劈开则比较难。

 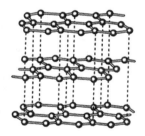 

（a）石墨及其晶体结构模型　　　　　　　　（b）石墨晶体的平面网状结构

图 1-7 石墨晶体结构模型及其平面网状结构

知识拓展

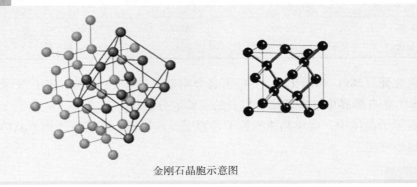

金刚石晶胞示意图

思考

列举实例分析离子晶体、原子晶体和非晶体的区别。

归纳与整理

1. 构成原子的粒子间的关系：

$$原子\begin{cases}原子核\begin{cases}质子\\中子\end{cases}\\核外电子\end{cases}$$

质子数＝核电荷数＝原子序数＝核内质子数＝核外电子数

2. 核外电子的排布规律：①能量最低原理；②每个电子层容纳的最多电子数为 $2n^2$ 个；③最外层电子数不能超过 8 个，次外层电子数不能超过 18 个，倒数第 3 层电子数不能超过 32 个。

3. 元素在周期表中的位置与原子结构、化合价的关系：①周期的序数＝电子层数；②主族序数＝最外层电子数＝元素的最高正化合价＝8－｜负价｜

4. 元素性质与元素在周期表中位置的关系：同一周期中，从左到右，元素的金属性逐渐减弱，非金属性逐渐增强；同一主族中，从上到下，元素的金属性逐渐增强，非金属性逐渐减弱。

5. 化学键：分子或晶体中，相邻原子间强烈的相互作用。

离子键：阴、阳离子之间通过静电作用所形成的化学键。形成的条件：活泼金属元素和活泼非金属元素化合。

共价键：原子间通过共用电子对所形成的化学键。形成的条件：同种或不同种非金属元素化合。共价键分为：非极性共价键和极性共价键。

6. 晶体：固体内部的粒子在三维空间里呈周期性、有规则的排列，有整齐、规则的几何外形和固定的熔点。

表1-6　离子晶体与原子晶体的比较

晶体类型	结构粒子	化学键	特点
离子晶体	阴离子 阳离子	离子键	①无独立分子存在；②硬度较大； ③熔点、沸点较高；④有较好的水溶性； ⑤晶体不导电，水溶液能导电
原子晶体	原子	共价键	①无独立分子存在；②硬度很大； ③熔点、沸点很高；④水溶性差； ⑤不导电

自我检测

一、填空题

1. 原子是由_____和_____构成的；原子作为一个整体为电中性，而核电荷数是由_____决定的；电子的质量很小，约为质子质量的_____。

2. 碳元素的原子核内质子数为6，核外电子数为_____，原子结构示意图为_____，电子式为_____。

3. 某元素的原子核外有3个电子层，最外层电子数是核外电子总数的1/6，该元素的元素符号是_____，原子结构示意图是_____，电子式为_____。

4. 在含有多个电子的原子里，能量低的电子通常在离核_____的区域运动；能量高的电子通常在离核_____的区域运动。电子离核越近，电子的能量_____；电子离核越远，电子的能量_____。

5. 核外电子在排布时总是尽先占据能量_____的电子层；各电子层最多容纳的电子数为_____；最外电子层所能容纳的电子数一般不能超过_____。

6. 最外层有_____个电子（K层为最外层，有2个电子）的结构是一种稳定结构，其他元素的原子都有_____或_____电子使其最外层达到稳定结构的倾向。

7. 原子_____电子变成_____离子的性质称为元素的金属性，元素的原子越容易_____电子，则金属性就越强；原子_____电子变成_____离子的性质称为元素的非金属性，原子越容易_____电子，则非金属性就越强。

8. 按核电荷数由小到大的顺序所编的序号，叫作元素的原子序数，原子序数在数值上与该元素原子的_____相等。

9. 电子层数越多，原子的半径越_____；具有相同电子层数的原子，随着原子序数的递增，核电荷数越大，原子半径逐渐由_____。

10. 元素的性质随着原子序数的递增呈现周期性变化的规律，称为_____。

11. 周期的序数就是该周期元素原子具有的_____，主族序数等于该主族元素的_____。

12. 在口腔修复工艺中，把金、银和铂族元素合称为_____。

13. 周期表的左下角是_____性最强的元素，右上角是_____性最强的元素。

14. 同一周期的主族元素，从左到右，原子半径逐渐_____，失电子能力逐渐_____，得电子能力逐渐_____，金属性逐渐_____，非金属性逐渐_____；同一主族元素，从上到下原子半径逐渐_____，失电子能力逐渐_____，得电子能力逐渐_____，金属性逐渐_____，非金属性逐渐_____。

15. 主族元素的最高正化合价一般等于其_____序数，非金属元素的负化合价等于_____。

16. A 原子核外有 16 个电子，则 A 是_____元素，A 位于元素周期表的第_____周期，第_____族。在周期表中，B 位于 A 的左方，则 B 是_____元素，A 与 B 比较，_____元素的非金属性强。C 位于 A 的上方，则 C 是_____元素，A 与 C 比较，_____元素的非金属性强。

17. 相邻原子间强烈的相互作用叫_____。主要有_____、_____、_____等类型。

18. _____之间通过_____所形成的化学键称为离子键，离子键形成的条件是_____。

19. _____通过_____所形成的化学键，称为共价键，其产生的条件是_____。

20. 有着一定的、整齐的、规则的几何外形，还有着固定熔点的固体，人们称为_____。_____通过_____结合而成的晶体叫作离子晶体。相邻原子间以_____相结合而形成空间网状结构的晶体，叫作原子晶体。原子晶体的特点有_____、_____和_____。

21. 石墨晶体的每一层内，每个碳原子都与其他 3 个碳原子以_____结合，形成平面的网状结构。

二、选择题

1. 某元素的原子核外有 3 个电子层，最外层有 4 个电子，该原子核内的质子数为（　　）

   A. 14　　　　　　　B. 15　　　　　　　C. 16　　　　　　　D. 17

2. 元素的性质随着原子序数的递增呈现周期性变化的原因是（　　）

   A. 元素原子的核外电子排布呈周期性变化

   B. 元素原子的电子层数呈周期性变化

   C. 元素的化合价呈周期性变化

   D. 元素的相对原子质量呈周期性变化

3. 下列元素中最高正化合价数值最大的是（　　）

   A. Na　　　　　　　B. P　　　　　　　C. Cl　　　　　　　D. Ar

4. 化学键（　　　）
    A. 只存在于分子之间
    B. 只存在于离子之间
    C. 是相邻的原子之间强烈的相互作用
    D. 是离子之间强烈的相互作用
5. 下列各组物质中，化学键类型相同的是（　　　）
    A. HI 和 NaI
    B. H_2S 和 K_2S
    C. Cl_2 和 CCl_4
    D. F_2 和 NaBr
6. 根据原子序数，下列各组原子能以离子键结合的是（　　　）
    A. 10 与 19
    B. 6 与 16
    C. 11 与 17
    D. 14 与 8
7. 下列各物质的晶体中，粒子间不是以共价键相结合的是（　　　）
    A. SiO_2
    B. 金刚石
    C. SiC
    D. NaCl

三、简答题

1. 用原子结构的观点说明为什么元素性质随原子序数的递增呈周期性的变化？
2. "当钾原子失去 1 个电子后，成为像氩原子那样的稳定结构，就应该称为氩原子"。这种说法对吗？
3. 用电子式表示：
    （1）$CaBr_2$ 的形成过程。
    （2）H_2O 的形成过程。
4. 指出贵金属元素在元素周期表中所处的位置。
5. "具有共价键的晶体叫作原子晶体"。这种说法对吗？为什么？
6. 在口腔修复工艺中，金刚石和金刚砂（SiC）是常用的削磨材料，试从物质结构的角度分析金刚砂的硬度接近金刚石的原因。

第二章　化学反应原理

知识要点

1. 影响化学反应速率的外界因素。
2. 氧化还原反应的特征及实质，电子转移的方向和数目。
3. 氧化剂和还原剂的概念。
4. 电解原理；电镀的特点及电镀在口腔修复工艺中的应用。
5. 电解抛光与电镀的区别。

　　在口腔修复工艺中，作为印模材料的硅橡胶，为什么使用时要加入催化剂？灌注模型所用的石膏，为什么冬天和夏天的凝固时间不同？等等。这些问题都可以用化学反应速率的知识解释。

　　氧化还原反应是一大类重要的化学反应。不仅与人类的生活、生产密切相关，而且在口腔修复工艺中发挥着重要的作用。比如钛合金进行铸造时需要真空，而且用氩气保护；贵金属合金熔化时要用石墨坩埚。金沉积原理和电解抛光有什么区别和联系？等等。这些问题也都与氧化还原反应有关。本章重点学习化学反应速率和氧化还原反应的相关知识。

第一节　化学反应速率

讨论

你了解下列化学变化过程进行的快慢吗？
①炸药爆炸　②金属腐蚀　③橡胶和塑料老化

　　不同的化学反应进行的快慢千差万别。有的反应进行得很快，瞬间就能完成，例如，炸药爆炸、照相底片感光等。有的反应则进行得很慢，例如金属腐蚀、塑料老化等，需要长年累月才能察觉到它们的变化。与物理学中物体的运动快慢用"速度"表示类似，化学反应进行的快慢用**"化学反应速率"**来表示。

　　不同的化学反应，具有不同的反应速率。这说明反应物的组成、结构和性质差异是决定化学反应速率的主要因素，是影响化学反应速率的内在原因。但同一个化学反应在不同的条件下可能会有不同的反应速率。例如，食物在夏天比在冬天容易变质，这说明化学反应速率还会受到外界条件的影响。影响化学反应速率的外界因素很多，主要有浓度、压强、温度、催化剂等。

改变化学反应速率在实践中有很重要的意义。我们可以根据生产和生活的需要采取适当措施，加快某些生产过程，如使炼钢、合成树脂的反应速率加快等；也可以根据需要减慢某些反应速率，如让钢铁生锈和塑料老化的速率减慢等。

一、浓度对化学反应速率的影响

物质在氧气中燃烧比在空气中燃烧快得多，是由于空气中只含 20% 的氧气，这说明浓度对化学反应速率有很大的影响。通过下面实验可以进一步了解浓度对化学反应速率的影响情况。

【实验 2-1】　在两支放有少量大理石（$CaCO_3$）的试管里，分别加入 10mL 4% 盐酸和 10mL 0.5% 的盐酸，观察反应现象。

通过实验，我们看到在加入 4% 盐酸的试管中有大量气泡逸出，而在加入 0.5% 盐酸的试管中气泡产生得很慢。这说明，浓度较大的盐酸与大理石反应的化学反应速率比浓度小的盐酸与大理石反应的化学反应速率要快。又如，带火星的木条在氧气中发生复燃。

许多实验证明，**当其他条件不变时，增加反应物的浓度，化学反应速率加快；减小反应物的浓度，化学反应速率减慢。**

思考

你知道用炉火做饭时，使用鼓风机的原因吗？

在口腔修复工艺中，我们会碰到许多改变反应物的浓度，使化学反应速率变化的例子。例如在使用乙炔－氧气燃烧器时，通过调节氧气的流量来调节乙炔与氧气燃烧的速率，从而改变氧炔焰的温度。

知识链接

为什么常在藻酸钠和藻酸钾印模材料中加入
磷酸三钠或无水碳酸钠等物质？

在口腔修复工艺中，常用的藻酸钠和藻酸钾印模材料的凝固原理是藻酸钠或藻酸钾与硫酸钙（石膏粉）发生反应，生成不溶性的藻酸钙。其反应方程式如下：

$$2NaAlg + CaSO_4 \!=\!=\!= Na_2SO_4 + Ca(Alg)_2 \quad （凝胶）$$

因为这个化学反应的速率很快，临床上来不及操作，在上述印模材料中加入磷酸三钠或无水碳酸钠等物质后，磷酸三钠或无水碳酸钠中的磷酸根离子

（PO_4^{3-}）或碳酸根离子（CO_3^{2-}）可以与藻酸钠竞争硫酸钙中的钙离子（Ca^{2+}）发生反应。其反应式如下：

$$2Na_3PO_4 + 3CaSO_4 == Ca_3(PO_4)_2 + 3Na_2SO_4$$

这一反应产生的作用可以使硫酸钙浓度减小，反应物的浓度减小，藻酸钠与硫酸钙的反应速率就会减慢，这样就可以获得足够的操作时间。

讨论

你知道为什么要将食物存放在低温处或冰箱里吗？

二、温度对化学反应速率的影响

温度是影响化学反应速率的另一个重要因素，许多化学反应都是在加热的条件下进行的。

【实验 2 - 2】 将实验 2 - 1 中加入 10mL 0.5% 盐酸的试管加热，观察反应现象。

通过实验我们看到，给加入 0.5% 盐酸的试管加热后，反应速率明显加快了。还有很多在高温或常温时进行得很快的化学反应，在低温时则进行得比较慢。由此可见，**温度升高，化学反应速率加快；温度降低，化学反应速率减慢**。因此为了防止某些药物特别是生物制剂受热变质，通常把它们存放在冰箱里或置于阴凉、低温处。

思考

在口腔修复工艺中，同样是用石膏灌注模型，但会发现冬天和夏天，石膏的凝固时间不同。你能说明为什么吗？

三、催化剂对化学反应速率的影响

【实验 2 - 3】 在两支试管中分别加入 1mL 3% 的 H_2O_2 溶液，再向其中一支试管中加入少量 MnO_2 粉末，另一支试管留作对照。观察反应现象。

我们可以看出，在 H_2O_2 中加入 MnO_2 粉末时，立即有大量气泡产生，而在没有加入 MnO_2 粉末的试管中只有少量气泡出现。这说明 MnO_2 加速了 H_2O_2 的分解：

$$2H_2O_2 \xrightarrow{MnO_2} 2H_2O + O_2\uparrow$$

凡能显著地改变化学反应速率，而其本身的组成、质量和化学性质在反应前后保持不变的物质称为催化剂。可见，催化剂能很大程度地改变化学反应速率。像 MnO_2 这种能加快化学反应速率的催化剂，叫**正催化剂**。但不是所有的催化剂都能加快化学反应的速率，还有些催化剂能减慢化学反应的速率，如塑料中的防老化剂、金属缓蚀剂及食品防腐剂等。这些能减慢化学反应速率的催化剂，叫**负催化剂**（也称为**阻化剂**）。

思考

　　在口腔修复工艺中，作为印模材料的硅橡胶是在辛酸亚锡的存在下，端羟基二甲基硅橡胶与硅酸乙酯发生反应而形成的。请分析辛酸亚锡发挥了什么作用？

　　对于有气体参加的反应来说，增大压强，可以加快化学反应速率；减小压强，可以减慢化学反应速率。

　　综上所述，对于同一个化学反应来说，条件改变时，反应速率也会发生改变。影响化学反应速率的外界因素除了浓度、压强、温度和催化剂以外，光、电磁波、X 射线、超声波、反应物颗粒的大小、溶剂的性质等，也会影响化学反应速率。如刨花比木块更易燃烧；采用搅拌的方法可以增大互不相溶的物质间的接触面积和机会，从而加快化学反应速率等。

第二节　氧化还原反应

 知识回顾

　　1. 化合价：一种元素一定数目的原子跟其他元素一定数目的原子相化合的性质。化合价用数值表示，有正价和负价之分。

　　2. 在离子化合物里，元素化合价的数值是这种元素的一个原子得失电子的数目，化合价的正负与离子所带电荷一致；在共价化合物里，元素化合价的数值是这种元素的一个原子跟其他元素的原子形成的共用电子对的数目，化合价的正负由电子对的偏移来决定。

一、氧化还原反应

　　在初中化学中，我们根据反应物和生成物的类别以及反应前后物质种类的多少，把化学反应分为化合反应、分解反应、置换反应和复分解反应等四种基本类型。如果根据反应前后是否有元素化合价的变化，可把化学反应分为氧化还原反应和非氧化还原反应两大类。

（一）氧化还原反应的特征

　　在初中化学里学过，物质得到氧的反应称为氧化反应；物质失去氧的反应称为还原反应。例如，氢气还原氧化铜：

$$CuO + H_2 \xmrightarrow{\triangle} Cu + H_2O$$

　　在这个反应里，氧化铜失去氧，发生还原反应；氢气得到氧，发生氧化反应。这种从得氧、失氧的角度来分析氧化还原反应，会有很大局限性，因为只能分析有氧参加的反应。现在，我们再从元素化合价升降的角度来分析这个反应：

$$\underset{\text{化合价降低，被还原}}{\overset{\text{化合价升高，被氧化}}{\overset{+2}{C}uO + \overset{0}{H_2} \xrightarrow{\triangle} \overset{}{C}u + \overset{+1}{H_2}O}}$$

反应中氢气被氧化，氢元素的化合价升高；氧化铜被还原，铜元素的化合价降低。从上述分析可以看出，物质被氧化时，有的元素化合价升高；物质被还原时，有的元素化合价降低。

所以，物质所含元素化合价升高的反应就是氧化反应；物质所含元素化合价降低的反应就是还原反应。凡有元素化合价升降的反应就是氧化还原反应。

由此可知，氧化还原反应的特征是：**反应前后，元素化合价有升降变化。**如果反应前后元素化合价无变化，则此反应为非氧化还原反应。

上面分析的反应是有氧参加的反应，实际上在许多没有氧参加的反应里，也存在着化合价升降的情况。例如：

$$\underset{\text{化合价降低，被还原}}{\overset{\text{化合价升高，被氧化}}{2\overset{0}{N}a + \overset{0}{C}l_2 \xrightarrow{\text{点燃}} 2\overset{+1}{N}\overset{-1}{Cl}}} \qquad \underset{\text{化合价降低，被还原}}{\overset{\text{化合价升高，被氧化}}{\overset{0}{H_2} + \overset{0}{C}l_2 \xrightarrow{\text{点燃}} 2\overset{+1}{H}\overset{-1}{Cl}}}$$

这两个有元素化合价升降的化学反应也是氧化还原反应。

思考

判断下列反应：$2Cu + O_2 \xrightarrow{\triangle} 2CuO$

$$NaOH + HCl =\!=\!= NaCl + H_2O$$

是否属于氧化还原反应？

（二）氧化还原反应的实质

为了进一步认识氧化还原反应的本质，我们再从电子得失的角度来分析上述反应。在金属钠和氯气反应生成氯化钠时，钠原子失去 1 个电子成为钠离子，化合价从 0 价升高到 +1 价；氯原子得到 1 个电子成为氯离子，化合价从 0 价降低到 −1 价。钠离子和氯离子相互作用形成氯化钠。因此，反应前后元素化合价的升降是由原子间得失电子造成的，并且化合价升降的数值和得失电子的数目相等。如果用字母"e"表示 1 个电子，金属钠和氯气反应中电子转移的方向和数目可用下式表示：

$$\overset{2e}{\overset{\frown}{2\overset{0}{N}a + \overset{0}{C}l_2}} \xrightarrow{\text{点燃}} 2\overset{+1}{N}\overset{-1}{aCl}$$

在氢气和氯气反应生成氯化氢时，没有得失电子，而是共用电子对偏向氯原子，偏离氢原子；在反应中氢的化合价由 0 价升为 +1 价，被氧化，氯的化合价由 0 价降为 -1 价，被还原。因此，共用电子对的偏移也能引起元素化合价发生升降变化。氢气和氯气反应中电子转移方向和数目可用下式表示：

$$\overset{\overset{\displaystyle 2e}{\longrightarrow}}{\underset{}{}} \quad \overset{0}{H_2} + \overset{0}{Cl_2} \xrightarrow{点燃} 2\overset{+1\ -1}{HCl}$$

由此可知，氧化还原反应的实质是：反应中发生了电子的得失或共用电子对的偏移，一般统称为**反应中发生了电子的转移**。

凡发生电子转移的反应称为氧化还原反应。物质失去电子的反应称为氧化反应；物质得到电子的反应称为还原反应。

在化学反应中，一种物质失去电子时，必然有另一种物质得到电子，而且一种物质失去电子的总数一定等于另一种物质得到电子的总数。所以，氧化反应和还原反应总是并存的。

电子转移、化合价升降和氧化反应、还原反应之间的关系如下图：

失去电子、化合价升高、被氧化 →

| -4 | -3 | -2 | -1 | 0 | +1 | +2 | +3 | +4 | +5 | +6 | +7 |

← 得到电子、化合价降低、被还原

思考

分别分析 $\overset{+6}{S}$ 和 $\overset{-2}{O}$ 容易发生氧化反应还是还原反应？化合价如何变化？

我们在初中讲到的四种类型反应中，置换反应一定属于氧化还原反应，复分解反应一定不是氧化还原反应，而化合反应和分解反应则有的是氧化还原反应，有的不是氧化还原反应。

（三）氧化还原反应的应用

氧化还原反应在口腔修复工艺中的应用十分广泛。例如在贵金属合金中添加少量易氧化的非贵金属元素（如铜、铟、铁、锡），铸造之后在工件表面就产生一层由非贵金属氧化物形成的表面层，这样就有利于金属与瓷的结合。但不是所有的氧化还原反应都是有用的，比如在焊接金属时，为了防止氧化还原反应的发生，焊金和焊缝必须用氩气保护起来；同样在钛合金铸造过程中，为了防止钛被空气中的氧气氧化，要用真空压力铸造技术，并用氩气保护。

二、氧化剂和还原剂

（一）氧化剂和还原剂的概念

在氧化还原反应中，**失去电子的物质称为还原剂**。还原剂具有**还原性**，它能使反应中的其他物质发生还原反应。还原剂在反应中失去电子，化合价升高，本身发生氧化反应。**得到电子的物质称为氧化剂**。氧化剂具有**氧化性**，它能使反应中的其他物质发生氧化反应。氧化剂在反应中得到电子，化合价降低，发生还原反应。

也就是说，在氧化还原反应中，还原剂失去电子被氧化；氧化剂得到电子被还原。电子总是从还原剂转移到氧化剂。例如：

$$\overset{0}{Fe} + \overset{+2}{Cu}SO_4 = \overset{+2}{Fe}SO_4 + \overset{0}{Cu}$$

此反应中，单质铁的化合价从 0 价升高到 +2 价，铁原子失去电子，被氧化，铁是还原剂。硫酸铜中铜的化合价从 +2 价降低为 0 价，铜离子得到电子，硫酸铜中的铜被还原，硫酸铜是氧化剂。

又如，石膏类包埋材料加热到 700℃ 时，无水石膏（$CaSO_4$）会与其中含有的少量碳反应生成对金属铸件有污染的 SO_2，其反应如下：

$$\overset{+6}{Ca}SO_4 + \overset{0}{C} \xrightarrow{700℃} CaO + \overset{+2}{C}O\uparrow + \overset{+4}{S}O_2\uparrow$$

在此反应中，单质碳的化合价从 0 价升高到 +2 价，碳失去电子，被氧化，碳是还原剂。硫酸钙中硫的化合价从 +6 价降低到 +4 价，得到电子，硫元素被还原，硫酸钙是氧化剂。

由此可知，在氧化还原反应中，氧化剂和还原剂总是同时存在的，都是指参加反应的物质。可以说，还原剂是电子的给予体，氧化剂是电子的接受体。

判断氧化剂和还原剂时，应该注意以下几点：

1. 同一物质在不同反应中，有时作氧化剂，有时作还原剂。例如：

$$\underset{氧化剂}{\overset{0}{S}} + \underset{还原剂}{2\overset{0}{Ag}} \xrightarrow{\triangle} \overset{+1}{Ag_2}\overset{-2}{S}$$

此反应中，硫的化合价从 0 价降到 −2 价，硫为氧化剂。

在硫与氧气反应中，硫的化合价从 0 价升高到 +4 价，硫为还原剂。

$$\underset{还原剂}{\overset{0}{S}} + \underset{氧化剂}{\overset{0}{O_2}} \xrightarrow{点燃} \overset{+4}{S}\overset{-2}{O_2}$$

可见硫既可作氧化剂又可作还原剂。一般具有可变化合价的元素，当处于中间价态时，具有这种性质。说明氧化剂和还原剂是相对的，而且可以相互转化。

2. 有些物质在同一反应中，既作氧化剂，又作还原剂。例如石膏类包埋材料加热到 1000℃ 时，无水石膏会发生如下分解反应：

$$2\overset{+6-2}{Ca}SO_4 \xrightarrow{1000℃} 2CaO + 2\overset{+4}{S}O_2\uparrow + \overset{0}{O_2}\uparrow$$

此反应中，硫酸钙中硫元素的化合价由 +6 价降为 +4 价，硫元素被还原，硫酸钙是氧化剂；氧元素的化合价由 −2 价升为 0 价，氧元素被氧化，硫酸钙是还原剂。所以硫酸钙既是氧化剂又是还原剂。

（二）氧化剂和还原剂的强弱

由于得失电子的能力不一样，所以氧化剂的氧化性和还原剂的还原性也有强弱之分。获得电子能力强的氧化剂称为**强氧化剂**。失去电子能力强的还原剂称为**强还原剂**。也就是说，氧化剂得到电子的能力越强，氧化性就越强。还原剂失去电子的能力越强，还原性就越强。例如：

1. 卤族元素的单质，从 F_2 到 I_2 非金属性逐渐减弱，得电子的能力逐渐减弱，所以它们的氧化能力逐渐减弱。即卤族元素单质的氧化性（得电子）顺序为：$F_2 > Cl_2 > Br_2 > I_2$。相反，越强的氧化剂，得到电子后生成物质的还原性越弱。所以，由卤素单质生成的阴离子的还原性（失电子）顺序为：$F^- < Cl^- < Br^- < I^-$。对于常见的 Cl^-、OH^- 和 SO_4^{2-}，一般来说它们的还原性（失电子）顺序为：

$$Cl^- > OH^- > SO_4^{2-}。$$

2. 在氧化还原反应中，金属单质一般做的是还原剂，而还原性强弱常与金属活动顺序一致，即在金属活动顺序表中位置越靠前的金属，失电子的能力就越强，还原性就越强；在金属活动顺序表中位置越靠后的金属，失电子的能力就越弱，还原性就越弱。例如 Zn、Fe、Cu、Ag 这几种金属，它们的还原性（失电子）顺序为：$Zn > Fe > Cu > Ag$。相反，越强的还原剂，失去电子后生成物质的氧化性越弱。所以，由这几种金属单质生成的阳离子的氧化性（得电子）顺序为：$Zn^{2+} < Fe^{2+} < Cu^+ < Ag^+$。

一般来说，金属单质的还原性（失电子）大于 Cl^-、OH^- 和 SO_4^{2-}。

思考

比较 Cu、Zn、OH^- 和 SO_4^{2-} 失电子能力大小。

（三）常见的氧化剂和还原剂

1. 常见的还原剂

（1）活泼的金属单质，如 Na、Mg、Al、Zn、Fe 等。例如用一支钢制镊子在使用过久的酸浸液中对贵金属合金酸洗时，会在工件表面形成铜膜。其原因是用于清洗贵金属合金的酸浸液，使用过久后，贵金属合金中的铜会慢慢进入酸浸液形成铜盐（像 $CuSO_4$ 等），镊子中的铁和 Cu^{2+} 之间发生氧化还原反应，铁作为还原剂失去电子，Cu^{2+} 得到电子转化为 Cu 而沉积于贵金属工件的表面。

（2）某些非金属单质，如 H_2、C、Si 等。例如为改善贵金属合金的机械性能通常会在其中加一些非贵金属成分（像铜），加热时非贵金属会生成氧化物（氧化铜为黑色），引起合金的颜色改变，所以在技工室用高纯度的石墨（C）坩埚来熔化贵金属合金，就可以使加热产生的非贵金属氧化物又被还原为金属。氧化铜与碳的反应如下：

$$2CuO + C \xrightarrow{\text{高温}} 2Cu + CO_2 \uparrow$$

因为 C 是很好的还原剂。

2. 常见的氧化剂

（1）活泼的非金属单质，如 Cl_2、O_2 等。例如对一些金属或合金加热时，可在其表面产生氧化膜。

（2）元素（如 S、N 等）处于高化合价时的氧化物或含氧酸，如硝酸或浓硫酸等。

第三节　电解与电镀

 知识回顾

　　1. 电流是由带电微粒按一定方向移动形成的。因此，能导电的物质具有能自由移动的带电微粒。例如，金属能导电，是由于金属中存在能自由移动的、带负电的电子。

　　2. 电离是指物质熔化或溶解于水时，离解成能自由移动的离子的过程。酸、碱、盐在水溶液中都能电离，葡萄糖、酒精等在水溶液中不能电离。

一、电解质溶液

　　我们知道氯化钠、硫酸铜、氢氧化钠的晶体不导电，而它们的水溶液能够导电。原因是它们在水溶液中发生电离，产生了能够自由移动的离子。**在水溶液中或熔融状态下，能够导电的化合物叫作电解质。**电解质的水溶液叫作**电解质溶液**。蔗糖、酒精等化合物，无论是熔融状态或是水溶液都不导电，这些化合物叫作**非电解质**。非电解质的水溶液叫作**非电解质溶液**。

　　酸、碱和盐都是电解质，它们在水溶液中都能电离出自由移动的阴、阳离子。例如氯化钠在溶液中，可以完全电离产生钠离子（Na^+）和氯离子（Cl^-），电离方程式为：

$$NaCl == Na^+ + Cl^-$$

　　但应该注意，水是一种非常弱的电解质，它能电离出很少量的 H^+ 和 OH^-。所以，在电解质溶液中，同时存在有电解质电离出的离子和水电离出的少量 H^+ 和 OH^-。

练习

　　试写出硫酸铜（$CuSO_4$）、氢氧化钠（$NaOH$）和氯化铜（$CuCl_2$）的电离方程式。

二、电解

（一）电解原理

【实验 2-4】　如图 2-1 所示，U 型管中注入 $CuCl_2$ 溶液，两端分别插入碳棒作电极。与直流电源负极相连的电极叫阴极，与直流电源正极相连的电极叫阳极。把湿润的碘化钾淀粉试纸放在阳极附近。接通直流电源，不久即可看到阴极上有紫红色的铜析出；阳极上有气泡放出，放出有刺激性气味的气体，能使湿润的淀粉碘化钾试纸变蓝，证明是氯气。由此可知，$CuCl_2$ 溶液受到电流的作用，在导电的同时，被分解为铜和氯气，如下式所示：

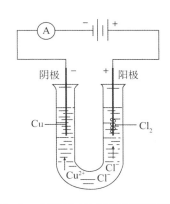

图 2-1　电解 $CuCl_2$ 溶液实验装置

$$CuCl_2 \xrightarrow{\text{直流电}} Cu + Cl_2\uparrow$$

通电时，为什么 $CuCl_2$ 溶液会分解成 Cu 和 Cl_2 呢？因为 $CuCl_2$ 是电解质，在水溶液中可以完全电离：

$$CuCl_2 === Cu^{2+} + 2Cl^-$$

通电前，Cu^{2+} 和 Cl^- 在水中自由移动；通电后，在电场的作用下，这些离子发生定向移动。带负电的 Cl^- 向阳极移动，带正电的 Cu^{2+} 向阴极移动，如图 2-2 所示。

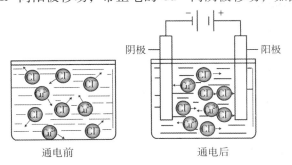

图 2-2　通电前后溶液里离子移动示意图

Cl^- 失去电子而被氧化成氯原子，然后两两结合成 Cl_2 从阳极逸出；在阴极上，Cu^{2+} 得到电子而被还原成 Cu，沉积在阴极上。它们的反应可分别表示如下：

$$\text{阳极：} 2Cl^- - 2e === Cl_2\uparrow \quad \text{（氧化反应）}$$

$$\text{阴极：} Cu^{2+} + 2e === Cu \quad \text{（还原反应）}$$

这种**因直流电通过电解质溶液而在阴、阳极引起氧化还原反应的过程**叫作电解。借助电流使电解质发生氧化还原反应，也就是把电能转变为化学能的装置，叫作**电解池**或**电解槽**。在电解池中，两个电极分别为阴极、阳极。通电时，电子从电源的负极沿着导线流入电解池的阴极；电子从电解池的阳极流出，并沿着导线回到电源的正极。电流依靠溶液里阴、阳离子的定向移动而通过溶液。所以，电解质溶液的导电过程，就是电解质溶液的电解过程。

在上述 $CuCl_2$ 溶液中，H_2O 电离出极少量的 H^+ 和 OH^-，因此在 $CuCl_2$ 溶液中同时存在着 Cu^{2+}、Cl^-、H^+ 和 OH^- 四种离子。电解时，移向阴极的有 Cu^{2+} 和 H^+。根据金属活动顺序，Cu 比 H 难失电子，所以 Cu^{2+} 比 H^+ 容易获得电子。因此在阴极上是 Cu^{2+} 得到电子（也称放电）还原成金属铜而析出。移向阳极的有 Cl^- 和 OH^-，Cl^- 失电子能力大于 OH^-，所以在阳极上是 Cl^- 失去电子（也称放电）氧化成 Cl_2。

思考

1. 电离与电解的区别是什么？
2. 电解质溶液的导电与金属的导电有什么不同？

（二）口腔修复工艺中的电解实例——电解抛光

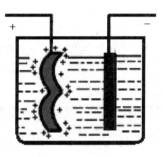

图 2 - 3　电解抛光原理示意图

抛光是指利用机械或化学反应的作用，使工件表面的粗糙度降低，以获得光亮、平整表面的加工方法。**电解抛光**是利用电解原理对金属表面进行抛光处理的过程。工件（比如钴 - 铬支架）作为阳极接入直流电源；电解抛光的阴极一般是铜做成的，并固定于抛光池中。电解液一般以硫酸、磷酸为基本成分。在一定温度、电压和电流下，通电一定时间（一般为几十秒到几分钟），工件表面上的微小凸起部分便首先溶解，而逐渐变成平滑光亮的表面。

电解抛光原理：由于工件金属上凸出的地方电荷密度较大，周围产生的电场强度较大，离子的运动速度也较快，所以凸出点的电解速率也就比较快，这样凸出点的剥落量也就大于凹陷点，最终使整个表面逐渐平滑光洁，如图 2 - 3。

在电解抛光时，要控制温度、电流、电压。电解液的温度不能过高，时间也不能过长，否则会引起工件表面的大量剥落而损坏。

为了获得好的抛光效果，在电解抛光前，要对工件进行除油、除锈、水洗等预处理，电解液也必须与被加工的合金相匹配，控制好 pH，并且要及时更换。

电解抛光法特别适合于超硬合金的加工，以及用机械抛光法难以接近的角落和深坑的工件。

知识链接

进行合金的电解抛光时，为何容易出现"贵金属化"？

在进行合金的电解抛光时，合金中较活泼的金属容易发生氧化反应失去电子，电解速率较快，优先剥落；不活泼的金属电解速率较慢，剥落也较慢。

因此电解抛光后的合金表面仍有粗糙点。在其他金属失去电子转化为阳离子进入溶液的同时，贵金属因不能失电子，而残留于合金表面。随着电解的进行，最终使合金表面比内部的贵金属含量大。这种现象称为"贵金属化"。

三、电镀

（一）电镀原理

电镀是利用电解原理在固体表面形成均匀、致密的金属或合金镀层的过程。电镀的目的是提高、改变原物质表面的物理及化学性能，以获得美丽的外表及更优异的实际用途。为了防止金属或合金的腐蚀，可以镀上锌、镍、铜、铬等金属；通过镀铬、镀银等获得美丽而有光泽的外表；为了增加设备表面的导电能力，可以镀银或镀铜等。

电镀时，一般都是用含有镀层金属离子的电解质配成电镀液（电镀液中还含有其他物质）；把待镀金属制品（或工件）浸入电镀液中与直流电源的负极相连，作为阴极；而用镀层金属作为阳极，与直流电源的正极相连。通入低压直流电，阳极上金属原子失去电子被氧化成为阳离子溶解在溶液中，然后移向阴极，这些离子在阴极获得电子被还原成金属原子，覆盖在需要电镀的金属制品上。镀铜是应用最广泛的电镀方法，在钢铁表面电镀其他金属时，往往要先镀上一薄层铜，然后再镀其他金属，这样可以使镀层更加牢固和光亮。

思考

试归纳电镀的条件。

【实验2－5】　在烧杯里倒入 $CuSO_4$ 溶液（在溶液中加入一些氨水，制成铜氨溶液，可使镀层光亮），用一铁制品（用酸洗净）作阴极，铜片作阳极（如图2－4）。通直流电，观察铁制品表面颜色的变化。

通过实验发现，银白色的铁制品镀件变成了赤红色，镀铜的主要反应如下：

$$阴极：Cu^{2+} + 2e === Cu （还原反应）$$
$$阳极：Cu - 2e === Cu^{2+} （氧化反应）$$

当然，在电镀的实际生产中，反应过程远比这个实验复杂。为了使镀层致密、坚固、光亮，生产中要采取很多措施。例如，在电镀前要对镀件进行抛光、除油、酸洗、水洗等预处理，并且还常在电镀液中加入一些盐类，以增加溶液的导电性，促进阳极的溶解，还要在电镀液中加入一些添加剂；在电镀时，要不断搅拌，并控制温度、电流、电压，并使电镀液的 pH 值在一定范围之内。

除了金属电镀外，还有塑料等非导体的电镀。由于非

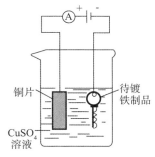

图2－4　电镀铜实验装置

导体不导电，不能像金属那样直接进行电镀。在电镀前先要除去非导体表面的油污和杂质使表面洁净，再涂上一层导电的金属膜（铜、银等）或石墨粉，然后跟金属电镀一样把它作为阴极，进行电镀。

思考

如何用电镀的方法在一块塑料板上制作一个铜质图案？

（二）口腔修复工艺中的电镀实例——金沉积和镀金

金沉积是利用电解原理，在模型上析出含 99.9% 的纯金，形成金沉积内冠。金沉积仪的阳极一般由钛或者惰性材料构成。把涂有银漆的代型作为阴极，然后放入含有金离子（Au^+）的电镀液里，在电流作用下，金离子（Au^+）在阴极上还原为金原子析出，形成金沉积层。其电极反应为：

$$Au^+ + e === Au \quad （还原反应）$$

这种纯金层是一种无缝隙、无微孔的致密结构，强度是自然纯金的 2~3 倍。金沉积冠可以最大限度地避免过敏反应及牙龈变色，具有美观、精度高、保护牙髓以及机械性能好等优点。可用于烤瓷单冠（见彩图4）、嵌体（见彩图5）、双套冠（见彩图6）及种植体上部结构的修复。

讨论

你知道口腔修复工艺中的镀金与金沉积有何异同？

镀金也是利用电解的原理，将工件作为阴极，放在含有金离子（Au^+）的电镀液里进行电镀。与金沉积不同的是在工件上形成一薄层附着牢固、均匀光滑的纯金镀层。镀金主要用于非贵金属的活动义齿、固定义齿表面处理。因为非贵金属合金，尤其像钴-铬合金、镍-铬合金等在口腔内唾液的作用下，镍、钴、铬等较活泼的金属会发生化学反应，引起牙龈变色、黏膜红肿等不良反应。所以，在与人体相接触的金属表面上沉积一层纯金镀层，是提高非贵金属齿科材料生物相容性的有效途径。常见的有钴-铬或镍-铬合金烤瓷冠的冠内（见彩图7）、钴-铬支架（见彩图8）的表面、双套冠内外之间等表面镀金。

在金沉积仪或镀金仪设备中阴极上金属的析出，是电镀液中的金属阳离子发生还原反应的结果，随着反应的进行，溶液中金属阳离子的浓度会不断下降，所以电镀液在使用到一定浓度时，要及时更换。同样也要控制温度、电流、电压以及电镀液的 pH 在一定范围之内，否则都会影响镀件的质量。

传统的电镀技术中，多数的电镀液都采用氰盐（如氰化钠 NaCN）配制以得到细致、光亮的镀层。电解液中的氰化物都是剧毒物质，而且中毒作用非常迅速，氢氰酸（HCN）和氰化钠的致死量为 0.05g，使用时要特别小心。无氰电镀技术是当前的发展方向，即以无毒或毒性较小的无机物或有机物代替氰化物配制电镀液。

　　所有的电镀废水不允许直接排入自然水域，必须经过处理，回收其中的有用成分，把有毒有害物质的浓度降低到符合工业废水排放标准。

实践活动

> 分组到口腔修复工作室，观察金沉积仪、电镀仪、电解抛光仪的应用。

 **归纳与整理**

　　1. 影响化学反应速率的外界因素主要有：浓度、温度、压强、催化剂等。
　　增加反应物的浓度，可以加快化学反应速率；减小反应物的浓度，可以减慢化学反应速率。温度升高，化学反应速率加快；温度降低，化学反应速率减慢。催化剂能很大程度地改变化学反应速率。
　　2. 氧化还原反应：凡发生电子转移的反应。物质失去电子的反应称为氧化反应；物质得到电子的反应称为还原反应。特征：反应前后，元素化合价有升降变化；实质：反应中发生了电子转移。
　　3. 氧化剂与还原剂
　　还原剂：具有还原性，失去电子被氧化，化合价升高。失电子能力越强，还原性越强。
　　氧化剂：具有氧化性，得到电子被还原，化合价降低。得电子能力越强，氧化性越强。
　　4. 电解：借助电流使电解质发生氧化还原反应的过程。条件：①电解质溶液；②有直流电的作用；③两个电极的存在。电解池中，阳极发生氧化反应；阴极发生还原反应。
　　5. 电镀：利用电解原理在固体表面镀上一薄层其他金属或合金的过程。条件：①待镀的金属制品作为阴极；②镀层金属作为阳极参加反应；③电镀液是含镀层金属的可溶性盐溶液。
　　6. 金沉积和电解抛光的相同点：都是利用电解原理。不同点：金沉积的工件放在阴极，发生还原反应；电解抛光的工件放在阳极，发生氧化反应。

自我检测

一、填空题

1. 化学反应速率是衡量化学反应_____的量。
2. 影响化学反应速率的主要外界条件有_____、_____、_____和_____。
3. 氧化还原反应的特征是：反应前后，元素的化合价有_____。物质所含元素化合价_____的反应称为氧化反应；物质中所含元素化合价_____的反应称为还原反应。有元素化合价升降的反应就是_____反应。

4. 氧化还原反应的实质是：反应中发生了_____。物质_____电子的反应称为氧化反应；物质_____电子的反应称为还原反应。

5. 在氧化还原反应中，_____电子的物质称为还原剂。_____电子的物质称为氧化剂。反应中电子转移的方向是从_____剂转移到_____剂。

二、选择题

1. 在下列过程中，需要加快化学反应速率的是（　　　）
   A. 钢铁腐蚀　　　B. 食物腐败　　　C. 炼钢　　　　　D. 塑料老化

2. 为了防止药物变质，常把它们存放在冰箱里或置于低温处。其原因是（　　　）
   A. 催化剂能改变化学反应速率　　　B. 降低温度，可以使化学反应速率减慢
   C. 浓度可以改变化学反应速率　　　D. 减小接触面积

3. 下列不属于氧化还原反应的是（　　　）

   A. $CuCl_2 \xrightarrow{\text{直电流}} Cu + Cl_2 \uparrow$　　　　　B. $2CuO + C \xrightarrow{\text{高温}} 2Cu + CO_2 \uparrow$

   C. $NaOH + HCl \Longrightarrow NaCl + H_2O$　　　D. $Fe + CuSO_4 \Longrightarrow Cu + FeSO_4$

4. 有关氧化还原反应的叙述错误的是（　　　）
   A. 反应中元素的化合价发生升降变化
   B. 反应中发生了电子转移
   C. 反应中一定有单质参加
   D. 氧化反应和还原反应一定同时存在

5. 当石膏类包埋材料加热到1000℃时，无水石膏会发生如下分解反应：

   $2CaSO_4 \xrightarrow{1000℃} 2CaO + 2SO_2 \uparrow + O_2 \uparrow$　　　在此反应中，$CaSO_4$作的是（　　　）
   A. 氧化剂　　　　　　　　　　　　B. 还原剂
   C. 既是氧化剂又是还原剂　　　　　D. 既不是氧化剂又不是还原剂

6. 石膏类包埋材料加热到700℃时，无水石膏会与其中含有的少量碳反应生成对金属铸件有污染的SO_2，其反应如下：

   $CaSO_4 + C \xrightarrow{700℃} CaO + CO \uparrow + SO_2 \uparrow$　　　在此反应中$CaSO_4$作的是（　　　）
   A. 氧化剂　　　　　　　　　　　　B. 还原剂
   C. 既是氧化剂又是还原剂　　　　　D. 既不是氧化剂又不是还原剂

7. 下列关于电解槽的叙述中不正确的是（　　　）
   A. 与电源正极相连的是电解槽的阴极
   B. 与电源负极相连的是电解槽的阴极
   C. 在电解槽的阳极发生氧化反应
   D. 电子从电源的负极沿导线流入电解槽的阴极

8. 电镀时，电镀液的成分应该是（　　　）
   A. 任何溶液
   B. 含有待镀金属离子的可溶性盐溶液

C. 含有镀层金属离子的可溶性盐溶液

D. 可溶性的盐溶液

9. 下列说法正确的是 （ ）

A. 金沉积时金离子在阳极析出纯金层

B. 钴－铬支架的表面镀金时，支架连接电源的正极

C. 预备体代型作为阳极放入含金的电解液，在电流作用下可形成金沉积冠

D. 金沉积时，电解池的阴极发生的是还原反应

10. 有关电解抛光的叙述不正确的是 （ ）

A. 合金电解抛光时易产生贵金属化

B. 在工件金属上凸出的地方电荷密度较大，电解的速度较快

C. 工件金属上凸出点的剥落量大于凹陷点

D. 工件接直流电源的阴极发生氧化反应

三、写出下列物质的电离方程式

$\quad$ NaCl $\qquad$ $CuSO_4$ $\qquad$ KNO_3

四、下列各化学反应中，哪些是氧化还原反应？是氧化还原反应的，指出氧化剂和还原剂。并标明电子转移的方向和数目。

1. $CaO + H_2O \xrightarrow{\quad\quad} Ca(OH)_2$

2. $Fe_2O_3 + 3CO \xrightarrow{\text{高温}} 2Fe + 3CO_2$

3. $2HgO \xrightarrow{\triangle} 2Hg + O_2 \uparrow$

五、问答题

1. 试用电解原理分析金沉积和电解抛光的区别。

2. 简单说明电解抛光过程中，合金表面容易产生"贵金属化"的原因。

3. 在口腔修复工艺中，进行电镀或电解抛光时，要不断搅拌电解液，而且电解抛光时，温度过高，会引起工件的损耗。试分析其原因。

第三章　非金属化合物

 知识要点

1. 硫化氢、二氧化硫及金属硫化物的性质。
2. 石膏的性质及其在口腔修复工艺中的应用。
3. 硫酸、硝酸及磷酸的性质。
4. 二氧化硅的晶体结构、玻璃结构及其化学性质。
5. 硅酸盐的组成和结构，几种重要天然硅酸盐的结构和性质。
6. 硅酸盐玻璃和陶瓷的结构及特点，几种常见的牙科陶瓷简介。

在元素周期表中，除氢外，非金属元素都位于周期表的右上方，它们都是主族元素，约占元素总数的1/5，在日常生活、生产和科研领域中，非金属元素及其化合物有着广泛而重要的用途。例如，用作饰品的钻石和用于制做餐具的陶瓷都是非金属元素的单质或化合物。

在义齿的传统制作环节中，我们也会用到许多非金属化合物，例如制作模型环节，常用的材料是石膏；在包埋、失蜡的环节中，包埋材料的主要成分是石英；堆瓷、烧结环节，所用的材料是陶瓷。那么石膏、石英、陶瓷的化学成分是什么？结构如何？陶瓷为什么是现在发展前景比较好的牙科材料？带着这些问题我们共同学习本章内容。

第一节　硫的化合物

知识回顾

1. 酸：电离时生成的阳离子全部是氢离子的化合物叫作酸。HCl、HNO_3、H_2SO_4、H_3PO_4、H_2S 都属于酸类。根据酸中是否含氧，分为含氧酸和无氧酸。HNO_3、H_2SO_4、H_3PO_4属于含氧酸，HCl、H_2S属于无氧酸。

2. 非氧化性酸：在反应中只能表现出氢离子的弱氧化性的酸。例如能跟金属发生置换反应的盐酸（HCl）、稀硫酸（H_2SO_4）、磷酸（H_3PO_4）等。

硫位于元素周期表的第三周期、第ⅥA族。最外电子层上有6个电子，最高正化合价为 +6 价，负价为 −2 价。本节主要介绍硫的化合物。

一、硫化氢和金属硫化物

(一) 硫化氢

1. 存在　在自然界中硫化氢常存在于火山喷出的气体及矿泉中。在精炼石油时，也有大量硫化氢逸出，造成大气污染。有机体腐败时，由于蛋白质分解，也有硫化氢气体产生。

2. 物理性质　硫化氢（H_2S）是无色、有臭鸡蛋味的气体，比空气略重，能溶于水，常温下 1 体积水约能溶解 2.6 体积的硫化氢气体。硫化氢有毒，能刺激人的眼睛和呼吸道，还能与血红蛋白中的铁结合，抑制其活性，造成代谢障碍。在密闭的地下污水道中，常积聚较多的硫化氢，因此，在疏通下水道时，要注意安全，防止中毒。

3. 化学性质

（1）**不稳定性**　在较高温度时，硫化氢分解成氢气和硫。

$$H_2S \xrightarrow{\triangle} H_2 + S$$

（2）**还原性**　在硫化氢中，硫为 −2 价（它的最低价），有较强的还原性，容易被其他物质氧化。例如，空气中的氧气与硫化氢反应，可生成单质硫。

$$2H_2S + O_2 =\!\!=\!\!= 2H_2O + 2S \downarrow$$

由于这一原因，自然界里动物死亡腐败时不断产生的 H_2S 气体，在空气中不会积累太多。

硫化氢的水溶液称为氢硫酸（H_2S）。氢硫酸的酸性较弱，具有酸的通性。但室温下能被空气中的氧气缓慢氧化析出单质硫而使溶液变浑浊。

(二) 金属硫化物

金属硫化物可以看作是氢硫酸的盐。金属硫化物多数具有特殊的颜色。它们在水中和酸中的溶解情况，见表 3−1。

表 3−1　常见硫化物的颜色和溶解性

名称	化学式	颜色	在水中	在稀酸中
硫化钠	Na_2S	白色	易溶	易溶
硫化锌	ZnS	白色	不溶	易溶
硫化锰	MnS	肉红色	不溶	易溶
硫化亚铁	FeS	黑色	不溶	易溶
硫化铅	PbS	黑色	不溶	不溶
硫化镉	CdS	黄色	不溶	不溶
硫化锡	SnS_2	褐色	不溶	不溶

续表

名称	化学式	颜色	在水中	在稀酸中
硫化汞	HgS	黑色	不溶	不溶
硫化银	Ag₂S	黑色	不溶	不溶
硫化铜	CuS	黑色	不溶	不溶

讨论

含有银、钯和铜等金属的义齿，在口腔中长时间会引起牙龈变灰或变黑。你认为有可能是生成金属硫化物引起的吗？

蛋白质类的物质，例如肉和蛋，在口腔卫生不良时会分解或者腐败产生硫化氢气体。那么人呼出的气体或者唾液中就可能含有硫化氢。口腔中一些金属义齿中，如果含有银、钯和铜等，尤其是银在氧气参与下跟硫化氢反应生成黑色硫化银等金属硫化物，长时间会引起牙龈变灰或变黑。银与硫化氢的反应方程式如下：

$$4Ag + 2H_2S + O_2 == 2Ag_2S\downarrow + 2H_2O$$

二、硫酸

硫酸（H_2SO_4）是一种无色油状的难挥发性的液体，易溶于水，能与水以任意比例混合，混合时产生大量的热。质量分数为96%～98%的浓硫酸，密度为1.84g/cm³。

稀硫酸是一种强酸，具有酸的通性，如使指示剂变色、与碱和金属氧化物反应等。浓硫酸不同于稀硫酸，具有以下特性。

讨论

实验室稀释浓硫酸时，你认为应如何操作？

（一）浓硫酸的吸水性

浓硫酸的吸水性很强。工业上和实验室内常用作干燥剂，可干燥氢气、氯气、二氧化碳等。稀释浓硫酸时不能把水倒入浓硫酸中，而应该把浓硫酸沿着器壁慢慢倒入水中并不断搅拌。这是因为浓硫酸溶于水时会产生大量热，水比浓硫酸轻，浮在表面立即被汽化，携浓硫酸溅出造成伤害。如果将浓硫酸倒入水中，则硫酸在下沉的过程中逐步稀释放热，不会产生危险。稀释大量浓硫酸时应分次进行。

（二）浓硫酸的脱水性

浓硫酸不仅能吸收游离的水分，还能从一些含碳、氢、氧的有机化合物中夺取与水分子组成相同的氢和氧，使有机化合物炭化。这种作用称为浓硫酸的脱水性。

【实验3−1】　在200mL烧杯中放入20g蔗糖，加入几滴水，搅拌均匀。然后再加入 15mL 98% 的浓硫酸，迅速搅拌。观察实验现象。

可以看到蔗糖逐渐变黑，体积膨胀，形成疏松多孔的海绵状的炭（如图 3-1）。

图 3-1 蔗糖与浓硫酸的反应

$$C_{12}H_{22}O_{11} \xrightarrow{\text{浓 } H_2SO_4} 12C + 11H_2O$$

浓硫酸还能按水的组成比脱去纸屑、棉花、锯末等有机物中的氢、氧元素，使这些有机物炭化。

浓硫酸对有机物有强烈的腐蚀性，如果皮肤沾上浓硫酸，会引起严重的灼伤。所以，不慎在皮肤上沾上浓硫酸时，不能先用水冲洗，而要迅速用干布拭去，再用大量水冲洗。

思考

浓硫酸的脱水性和吸水性区别是什么？

（三）浓硫酸的氧化性

浓硫酸是强氧化剂，加热时氧化性增强。在加热条件下，浓硫酸能氧化许多金属（金、铂除外）和非金属，一般氧化产物是二氧化硫。例如：

$$Cu + 2H_2SO_4（浓）\xrightarrow{\triangle} CuSO_4 + SO_2\uparrow + 2H_2O$$

$$C + 2H_2SO_4（浓）\xrightarrow{\triangle} CO_2\uparrow + 2SO_2\uparrow + 2H_2O$$

但是，质量分数为 93% 以上的冷浓硫酸不与铁、铝等金属作用。因为铁、铝在冷浓硫酸中生成一层致密的氧化物保护膜，这种现象称为**钝化**。所以铁制容器可以盛放浓硫酸。

思考

分析浓硫酸与铜的氧化还原反应和稀硫酸与锌的置换反应，阐述浓硫酸为氧化性酸，稀硫酸为非氧化性酸的原因。

三、石膏

（一）生石膏 熟石膏 无水石膏

石膏在自然界主要存在于石膏矿中。有部分石膏来源于化学反应的副产物。石膏作为建筑材料，被广泛使用。在口腔修复工艺中，主要用作模型材料。

生石膏：含 2 个分子结晶水的硫酸钙（二水硫酸钙）称为**生石膏（$CaSO_4 \cdot 2H_2O$）**或**石膏**。为单斜晶体，呈板状或纤维状，也有细粒块状。纯净的石膏为无色或白色，有时因含杂质而成灰、浅黄、浅褐等色。质地紧密，性脆，微溶于水。

熟石膏：其主要成分为半水硫酸钙［$CaSO_4 \cdot 1/2H_2O$ 或（$CaSO_4$）$_2 \cdot H_2O$］，白色粉末状。具有 α 和 β 两种形态，都呈菱形结晶，但物理性能不同。β－半水硫酸钙（β－半水石膏），是由多数细微结晶形成的多孔集合体，晶体疏松，形状不规则，是普通石膏的主要成分；α－半水硫酸钙（α－半水石膏），结构致密、坚实，晶体不变形，是硬质石膏和超硬石膏的主要成分。

无水石膏：主要成分为无水硫酸钙，其分子式为 $CaSO_4$，白色粉末或无色晶体，熔点 1450℃，密度 2.96g/cm³，难溶于水。

（二）生石膏与熟石膏的转化

1. 生石膏转化成熟石膏及无水石膏　生石膏研磨成粉，煅烧时它就失去部分结晶水，转化为熟石膏。这一反应是吸热反应：

$$2CaSO_4 \cdot 2H_2O \xrightarrow{\text{加热}} 2CaSO_4 \cdot 1/2H_2O + 3H_2O - Q$$

在生石膏煅烧脱水成为熟石膏时，由于煅烧方式不同制得的熟石膏晶形不同。将生石膏置于 110℃～120℃ 的温度下，进行开放式、干法煅烧，可得到 β－半水石膏。由生石膏在 0.13MPa、125℃ 以上，经过密闭式、湿法煅烧，可制得 α－半水石膏。

当再升温时，α－半水石膏和 β－半水石膏会继续脱水转化为无水石膏。无水石膏在 800℃～1050℃ 时，开始分解为 CaO、SO_2 和 O_2。方程式如下：

$$2CaSO_4 \xrightarrow{800℃ \sim 1050℃} 2CaO + 2SO_2 \uparrow + O_2 \uparrow$$

2. 熟石膏转化成生石膏

【实验 3－2】　用量筒量取 20mL 蒸馏水倒入干净的橡皮碗内，然后逐渐放入熟石膏粉 50g，用调刀调和成糊状物，1 小时后，观察碗内发生的变化。

实验结果表明，当熟石膏与水混合成糊状物时，会很快凝固，重新变成石膏，同时放出大量的热，并膨胀。

设每 100g 的熟石膏需水量为 x：

$$2CaSO_4 \cdot 1/2H_2O + 3H_2O =\!=\!= 2CaSO_4 \cdot 2H_2O + Q$$

$$2 \times 145g \qquad\qquad 3 \times 18g$$

$$100g \qquad\qquad\qquad x\ g$$

$$\therefore x = 18.6g$$

从以上反应可以看出，每 100g 的熟石膏，按理论计算只需要 18.6g 的水发生反应。而实际加水量比此数值大得多，例如 100g 普通石膏需要加水 45g。其目的是使石膏充分湿润、溶解，并获得一定流动性的石膏浆以便浇注，同时能获得表面光滑的模型；反应完成后，多余的水分以自由水形式凝结在结晶体之间，并逐渐挥发，在石膏内部留下很多毛细气孔，使石膏模型具有吸水性。石膏浆凝固成多孔固体时，其体积比原来的浆状物大，这种膨胀作用使石膏能用于制造轮廓清晰的铸造模型和雕塑制品以及骨科用的石膏绷带。

在口腔修复工艺中，石膏是应用量很大的材料。石膏除了用于模型材料之外，还用于印模材料及包埋材料中。但不论用于哪种材料的石膏，都具有相同的化学性质，只是物理性质不同。

知识链接

灌注石膏模型要严格控制粉水比

灌注石膏模型的操作中，自由水不是越多越好。因为水量较多，会引起石膏的形变，且凝固时间长，生成物较脆，强度较低；水量较少，凝固后的石膏强度较大，但难于操作，且容易混入气泡。普通石膏的主要成分为 β - 半水硫酸钙，晶体疏松、多孔，凝固过程中能吸收更多的水分，其粉水比为 100：45，形成的模型强度较低；而硬质石膏和超硬石膏的主要成分为 α - 半水硫酸钙，结构致密、坚实，需水量较少，其粉水比分别为 100：30 和 100：22，模型的强度也较高。

思考

1. 生石膏转化成熟石膏，与熟石膏转化成生石膏的条件各是什么？
2. 如何理解 $CaSO_4 \cdot 2H_2O$ 中结晶水的含义？它与自由水的含义相同吗？

讨论

石膏类包埋材料仅用于贵金属包埋，而不用于非贵金属包埋的原因是什么？

用石膏类包埋材料进行铸造时，当包埋材料固化后，再继续加热，随着温度的升高，使二水石膏脱水转化为半水石膏，再转变为无水石膏。如果温度升高至 800℃以上时，无水石膏便开始分解生成 SO_2。同时在加热时，蜡型被熔除后，有些碳元素残留在铸型中，石膏在 700℃以上时，与碳反应，也可生成 SO_2。SO_2 可以与非贵金属在高温下发生化学反应，使金属铸件受到污染。

实践活动

请利用废旧的塑料瓶或易拉罐，灌注自己所喜爱物品的石膏模型；并到口腔修复工作室，观察石膏的应用。

第二节　氮和磷的化合物

氮（N）和磷（P）位于元素周期表中的第ⅤA族，最外层上都有5个电子，最高正化合价为+5价，负价为−3价，表现出比较明显的非金属性。本节主要介绍氮和磷的化合物——硝酸、磷酸和磷酸盐。

一、硝酸

纯硝酸（HNO_3）是无色、易挥发、有刺激性气味的无色液体，沸点83℃，密度为$1.50g/cm^3$，能以任意比例溶于水。市售浓硝酸的质量分数约为69%，质量分数为98%以上的浓硝酸通常称为发烟硝酸。发烟硝酸的"发烟"现象是因为从硝酸里逸出的硝酸蒸气遇到空气里的水蒸气，生成了大量极微小的硝酸液滴的缘故。发烟硝酸比硝酸有更强的氧化性。

硝酸是一种强酸。它具有酸的通性，如能与碱性氧化物反应生成盐和水，与碱起中和反应生成盐和水，与盐反应生成新的酸和新的盐等。此外，硝酸还具有一些特性。

（一）硝酸的不稳定性

硝酸不稳定，很容易分解。纯净的硝酸或浓硝酸在常温下见光或受热就会分解。硝酸越浓，就越容易分解。

$$4HNO_3 \xrightarrow{\triangle \text{或光照}} 2H_2O + 4NO_2\uparrow + O_2\uparrow$$

我们有时在实验室看到的浓硝酸呈黄色，就是由于硝酸分解产生的NO_2溶于硝酸的缘故。为了防止硝酸分解，在贮存时，应该把它盛放在棕色瓶里，并贮放在黑暗且温度低的地方。

> ### 讨论
>
> 实验室用金属与酸反应制取氢气时，往往用稀硫酸或盐酸，而不用硝酸，这是为什么？

（二）硝酸的氧化性

【实验3−3】　在两支试管中各放入一小块铜片，分别加入少量浓硝酸和稀硝酸，立即用无色透明塑料袋将试管口罩上并系紧（如图3−2），观察发生的现象。然后，将加稀硝酸的试管上的塑料袋稍稍松开一会儿，使空气进入塑料袋，再将塑料袋系紧，观察发生的现象。

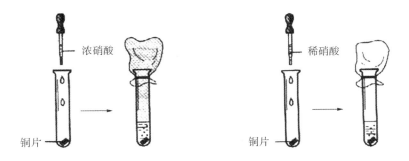

图 3 - 2　铜与硝酸反应

可以看到，反应开始后，两支试管中都有气泡产生，使塑料袋膨胀，加浓硝酸的试管中反应剧烈，放出红棕色气体；加稀硝酸的试管中反应较缓慢，放出无色气体，当空气进入已充有无色气体的塑料袋后，无色气体变成了红棕色。

在上面的实验中，浓硝酸和稀硝酸都与铜发生了反应，浓硝酸与铜反应生成了硝酸铜和 NO_2 气体，稀硝酸与铜反应生成了硝酸铜和 NO 无色气体，NO 遇空气后又生成了 NO_2。以上反应的化学方程式为：

$$Cu + 4HNO_3(浓) = Cu(NO_3)_2 + 2NO_2\uparrow + 2H_2O$$

$$3Cu + 8HNO_3(稀) = 3Cu(NO_3)_2 + 2NO\uparrow + 4H_2O$$

$$2NO + O_2 = 2NO_2$$

硝酸是一种强氧化剂，几乎能与所有的金属（金、铂等少数金属除外）发生氧化还原反应。从上面的反应可以看出，硝酸与金属反应时，主要是 HNO_3 中 + 5 价的氮原子得到电子，被还原成较低价的氮原子而形成氮的氧化物（NO_2、NO），而不像盐酸与较活泼金属反应那样放出氢气。

有些金属如铝、铁等在冷的浓硝酸中会发生钝化现象，这是因为浓硝酸把它们的表面氧化成一层薄而致密的氧化膜，阻止了反应的进一步进行。所以，常温下可以用铝槽罐装运浓硝酸。

浓硝酸和浓盐酸的混合物（体积比为 1∶3）称为**王水**。王水的氧化能力更强，金、铂等不溶于硝酸，但能溶于王水。

硝酸还能与许多非金属及某些有机物发生氧化还原反应。例如，硝酸能与碳反应：

$$C + 4HNO_3 = 4NO_2\uparrow + CO_2\uparrow + 2H_2O$$

由于硝酸具有强氧化性，对皮肤、衣物、纸张等都有腐蚀性，所以使用硝酸（特别是浓硝酸）时，一定要格外小心，注意安全。万一不慎将浓硝酸弄到皮肤上，应立即用大量水冲洗，再用小苏打水或肥皂水洗涤。

在口腔修复工艺中，硝酸可用于金属或合金的酸洗或酸蚀。例如，在合金支架的电解抛光前，或者在合金与陶瓷黏结时，要用硝酸和氢氟酸（HF）的混合物进行酸蚀。

二、磷酸及磷酸盐

磷酸（H_3PO_4）是无色透明的晶体，具有吸湿性，易溶于水，能跟水以任何比例相溶。市售磷酸是一种无色黏稠的液体，质量分数为83%～98%。磷酸没有毒，与硝酸比较，磷酸没有氧化性，没有挥发性，比硝酸稳定，不易分解。磷酸是一种中等强度的三元酸，具有酸的通性。因为磷酸是一种三元酸，所以它可以形成三种类型的盐。例如：

磷酸盐：Na_3PO_4 　　　$Ca_3(PO_4)_2$ 　　　$(NH_4)_3PO_4$

磷酸氢盐：Na_2HPO_4 　　$CaHPO_4$ 　　　$(NH_4)_2HPO_4$

磷酸二氢盐：NaH_2PO_4 　　$Ca(H_2PO_4)_2$ 　　$NH_4H_2PO_4$

磷酸盐大多数是无色晶体。在磷酸的三种盐中，所有的磷酸二氢盐都易溶于水，而磷酸的正盐和磷酸氢盐中，只有钾、钠盐和铵盐能溶于水。

磷酸盐包埋材料的结合剂中含有磷酸二氢铵（$NH_4H_2PO_4$）、磷酸二氢镁[$Mg(H_2PO_4)_2$]等物质。

知识拓展

人体中的磷与羟基磷灰石

人体中的磷约占体重的1%，成人体内含磷约600～700g，其中80%～90%与钙结合形成羟基磷灰石结晶而存在于骨骼、牙齿等组织中。人工合成羟基磷灰石[$Ca_{10}(PO_4)_6(OH)_2$又称羟基磷酸钙]的成分、结构与人体牙、骨组织的羟基磷灰石成分、结构相类似，它是无味、无毒的白色半透明粉末，无刺激性和无致敏性，具有良好的生物相容性。羟基磷灰石陶瓷是优良的牙和骨缺损代用材料。

知识链接

磷酸盐包埋材料中的化学反应

磷酸盐包埋材料的主要成分是SiO_2，其中的结合剂为磷酸二氢铵（$NH_4H_2PO_4$）、磷酸二氢镁[$Mg(H_2PO_4)_2$]以及金属氧化物（主要是氧化镁）的混合物，其质量占包埋料总量的10%～20%。反应过程为磷酸二氢铵（$NH_4H_2PO_4$）或磷酸二氢镁[$Mg(H_2PO_4)_2$]与氧化镁在加水作用下，通过水化反应生成针柱状晶体磷酸盐，将SiO_2颗粒包裹结合在一起：

$$NH_4H_2PO_4 + MgO + 5H_2O = NH_4MgPO_4 \cdot 6H_2O$$

思考

下列酸哪些属于含氧酸，哪些属于无氧酸？哪些属于氧化性酸，哪些属于非氧化性酸？

H_3PO_4　　HNO_3（稀）　　HNO_3（浓）　　HCl　　H_2SO_4（稀）　　H_2S

第三节　硅的化合物

知识回顾

1. 晶体：具有一定的、整齐的、规则的几何外形，以及固定熔点的固体，比如水晶；非晶体：固体内部的粒子排列不规则，没有一定的结晶外形，比如石蜡、玻璃。

2. 原子晶体：相邻原子间以共价键相结合而形成的空间网状结构的晶体，比如金刚石。

硅（Si）位于元素周期表的第三周期、第ⅣA族，最外电子层上有 4 个电子，其主要化合价是 +4 价，是带有金属性的非金属。

硅在地壳中含量为 26.3%，仅次于氧，居第二位。在自然界中，没有游离态的硅，只有以化合态存在的硅。硅的氧化物及硅酸盐构成了地壳中大部分的岩石、矿物、沙子和土壤，约占地壳质量的 90% 以上。

硅的合金及化合物用途非常广泛。如含硅 4% 的钢具有良好的导磁性，含硅 15% 左右的钢具有良好的耐酸性。再如氮化硅（Si_3N_4）及碳化硅（SiC 又称**金刚砂**或**人造金刚石**）的硬度都比较大，在口腔修复工艺中可用作切削材料。本节主要学习二氧化硅、硅酸和硅酸盐。

一、二氧化硅

在自然界里，地球上存在的天然二氧化硅（SiO_2）约占地壳质量的 12%，存在形态分为晶体和非晶体两大类，统称为**硅石**。晶体二氧化硅主要存在于石英矿中。纯石英为无色、透明的晶体，这种石英又称水晶。有些水晶因含少量杂质而带有不同的颜色，例如紫水晶、烟水晶等等。具有彩色环带状或层状的称为玛瑙（如图 3 - 3）。沙子中含有小粒石英晶体。硅藻土则是无定形二氧化硅，它们是低等水生植物硅藻的遗体，是一种多孔、质轻、松软的固体，一般为泥土状。动植物体内也含有少量的二氧化硅。比如麦秸灰中就含有二氧化硅。

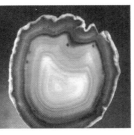

图 3 - 3　水晶（左）玛瑙（右）

知识拓展

玛瑙与水晶

玛瑙是熔融态的 SiO_2 快速冷却形成的，而水晶则是热液缓慢冷却形成的。剖开天然水晶球，常见它的外层是看不到晶体外形的玛瑙，内层才是呈现晶体外形的水晶。水晶中混入带色矿物杂质或气液包裹体等，会导致水晶带有不同颜色。像紫水晶中含有微量的 Fe^{3+} 和 Mn^{2+}；黄水晶中含有微量的 Fe^{2+} 和结构水 H_2O；红水晶中含有极其细微的红色包裹体矿物质；蓝水晶中含有细微金红石针状晶体。

（一）石英晶体与石英玻璃

1. 石英晶体及其变体　在二氧化硅中，每个硅原子以四个共价键与四个氧原子结合，形成硅氧四面体 $[SiO_4]$，如图 3-4（a）所示，而每个氧原子又为两个四面体所共用，形成一个"巨大分子"，即以共价键相结合而形成的空间网状结构的原子晶体，如图 3-4（b）。而从总体上看，$Si : O = 1 : 2$，所以二氧化硅的最简式为 SiO_2。

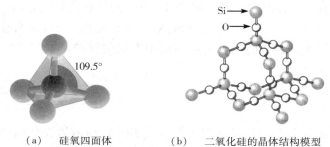

（a）　硅氧四面体　　　　（b）　二氧化硅的晶体结构模型

图 3-4　硅氧四面体及二氧化硅的晶体结构模型

属于石英类的二氧化硅晶体在不同温度下分别有不同的变体：α-石英、α-鳞石英、α-方石英、β-石英、β-鳞石英和β-方石英。加热时，石英晶体的类型发生变化，会引起体积膨胀。它们之间的转变温度如图 3-5 所示：

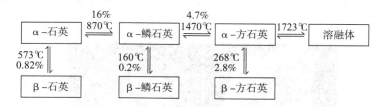

图 3-5　几种石英变体在不同温度下的转化及体积变化

*2. 石英变体的结构　石英变体在结构上的主要差别是硅氧四面体 $[SiO_4]$ 之间的连接方式不同。如图 3-6 是 α-石英、α-鳞石英和 α-方石英的硅氧四面体结合方式。在 α-方石英中，两个共顶的硅氧四面体之间以共用氧为对称中心，即图 3-6（a）中的 A－D－A′、B－D－B′、C－D－C′分别在一条直线上。在 α－鳞石英中，两个共顶的硅氧四面体之间相当于有一对称面，即图 3－6（b）中的 A－A′、B－B′、C－C′上下相对。在 α－石英中，相当于在 α－方石英结构基础上 Si—O—Si 键角由 180°转变为 150°，见图 3－6（c）。而 β－石英与 α－石英的不同之处是：β－石英的 Si—O—Si 键角不是 150°，而是 137°。

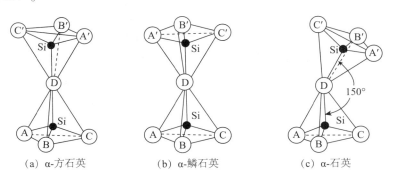

（a）α-方石英　　　（b）α-鳞石英　　　（c）α-石英

图 3－6　硅氧四面体的连接方式

当温度改变时，原来的石英晶体结构需要破坏 Si—O—Si 键，或者键角发生变化，原有的硅氧四面体骨架改变，形成新的晶体结构类型，随之引起体积发生变化。一般情况下，α－石英、α－鳞石英与 α－方石英之间的转化比较困难，体积变化较大；相对而言，相对应的 α 型与 β 型之间的转化则容易些，体积变化较小。

知识链接

石英变体在包埋铸造中的转化及作用

包埋材料的主要成分是 β－石英和 β－方石英。β－石英在加热至 573℃时，很快转变为 α－石英，体积膨胀 0.82%；再加热到 870℃～1100℃（氧化镁等助熔），α－石英转化为 α－鳞石英，体积膨胀 16%。同时，β－方石英转化为 α－方石英（＋2.8%），再转化为 α－鳞石英，体积缩小 4.7%。α－鳞石英冷却时转化为 β－鳞石英，体积收缩最小（0.2%）。所以在包埋料的加热过程中尽可能实现冷却时由 α－鳞石英转化为 β－鳞石英。

在包埋铸造过程中，β－石英转化为 β－鳞石英体积膨胀，β－方石英转化为 β－鳞石英体积收缩，但最终结果是体积膨胀。恰是利用石英的这种膨胀性，以补偿金属修复体的铸造收缩。在包埋时，先在铸圈内垫一层石棉纸，以保障石英的膨胀空间。

3. 石英玻璃　所谓**玻璃**是指熔融体在冷却过程中黏度逐渐增大并硬化而不结晶的一类无机非金属材料。玻璃没有固定的熔点，属于非晶体。

将石英加热到 1723℃时可以熔融，当石英熔融体在冷却过程中没有结晶，就成为**石英玻璃**。石英玻璃的结构与石英晶体的相同点都是硅氧四面体［SiO₄］通过顶点氧原子连接成为三维空间的网络结构，但它们的不同之处在于：石英晶体中［SiO_4］有着严格的周期性的规则排列，即远程有序，如图 3 - 7 （a）所示；而在石英玻璃中，［SiO_4］的排列是无规则的，缺乏对称性和周期性的重复。所以一般认为玻璃是由一个近程有序、远程无序的骨架构成，这也正是玻璃的特征，如图 3 - 7 （b）所示。

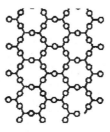 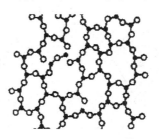

（a）石英晶体结构　　　　　　　　（b）石英玻璃结构

图 3 - 7　石英晶体和石英玻璃结构示意图

应该注意，无论是石英晶体还是石英玻璃，它们的化学性质相同，只是在物理性质上有差异。

石英玻璃具有优异的光学性能，不仅可见光透光率特别好，而且能透过紫外线、红外线。还具有耐高温、硬度大、热膨胀系数小、电绝缘性能和化学稳定性良好等特点。机械性能也高于普通玻璃。可用于制作光学仪器、电学设备、医疗设备和耐高温、耐腐蚀的化学仪器等。

思考

石英晶体和石英玻璃在结构上有何异同？二者的化学性质是否相同？

（二）二氧化硅的化学性质

二氧化硅的化学性质十分稳定。除氢氟酸以外，不能与其他酸作用（如石英玻璃的耐酸能力是陶瓷的 30 倍，不锈钢的 150 倍）。二氧化硅与氢氟酸作用，生成四氟化硅（SiF_4）气体：

$$SiO_2 + 4HF = SiF_4 \uparrow + 2H_2O$$

所以，可用氢氟酸刻蚀玻璃。

二氧化硅不溶于水，不能与水反应生成酸。但是二氧化硅是酸性氧化物，能与碱性氧化物或热的强碱作用，生成硅酸盐。

$$SiO_2 + CaO \xrightarrow{\text{高温}} CaSiO_3$$

$$SiO_2 + 2NaOH \xrightarrow{\text{高温}} Na_2SiO_3 + H_2O$$

玻璃中含有 SiO_2，所以玻璃能被碱腐蚀。

知识拓展

金 刚 砂

工业上用石英粉与焦炭共熔制造碳化硅（SiC）：

$$SiO_2 + 3C \xrightarrow{\text{高温电炉}} SiC + 2CO\uparrow$$

碳化硅又叫金刚砂，具有类似金刚石的结构，硬度极大，性脆，化学活性差，分解温度很高（2200℃）。在工业上大量用作磨料。在口腔修复工艺中用作削磨材料。

二、硅酸

硅酸（H_2SiO_3）是一种极弱的酸，酸性比碳酸还弱，在水中的溶解度很小。由于SiO_2不溶于水，不能用SiO_2与水直接作用制得。硅酸是通过可溶性硅酸盐与其他酸反应制得：

$$Na_2SiO_3 + 2HCl == H_2SiO_3 + 2NaCl$$
$$Na_2SiO_3 + H_2CO_3 == H_2SiO_3 + Na_2CO_3$$

所生成的硅酸会逐渐聚集而形成胶体溶液，称为**硅酸溶胶**。硅酸浓度较大时，则形成软而透明的、胶冻状的**硅酸凝胶**。硅酸凝胶经干燥脱水后得到多孔的硅酸干凝胶，称为"**硅胶**"。在义齿制作过程中，各类包埋材料的主要成分都是SiO_2，硅酸胶体可以作为包埋材料中调拌液的成分之一。

三、硅酸盐

硅酸盐是由硅、氧和金属元素组成的化合物的总称，是一类结构复杂的固态物质。大多数硅酸盐熔点较高。除了钾、钠的硅酸盐可溶于水之外，多数硅酸盐不溶于水，化学性质很稳定。硅酸盐是构成地壳的主要成分。天然存在的硅酸盐有长石、黏土、云母等。最重要的天然硅酸盐是铝硅酸盐，其中含量最大的是长石。利用天然硅酸盐和硅石为原料，可制造玻璃、陶瓷、水泥等人造硅酸盐。

（一）硅酸盐的组成

硅酸盐的种类很多，组成也很复杂。其化学式习惯用二氧化硅和金属氧化物的形式来表示，例如钾长石可表示为$K_2O \cdot Al_2O_3 \cdot 6SiO_2$。值得注意的是，这种化学式只表示出其中所包含各种离子的数量关系，而绝不是表示其中含有K_2O、Al_2O_3和SiO_2。也就是说它并不是K_2O、Al_2O_3和SiO_2的简单混合物，而是一种新的化学物质，具有自己的化学组成、结构和性质。硅酸盐还可以用较接近其结构的方法表示其组成，如钾长石可表示为$K[AlSi_3O_8]$。

（二）硅酸盐的结构

硅酸盐结构的复杂性在其阴离子。阴离子的基本结构单元是硅氧四面体$[SiO_4]$，硅氧四面体［SiO₄］可以是互相孤立地存在于结构中或者通过共用顶角上的一个、两个、三个或四个氧原子互相连接成链状、层状和架状等方式。这些阴离子借金属离子结合成为各种硅酸盐晶体。

（三）几种重要的天然硅酸盐

1. 锆石　锆石又称**锆英石**，广泛存在于岩石中。锆石是提炼金属锆的主要矿石，也用于生产氧化锆。化学成分为硅酸锆（$ZrSiO_4$）。

（1）结构　硅氧四面体［SiO₄］以孤立状态存在，如图3-8（a）所示。［SiO₄］之间通过Zr^{4+}相连，构成四方晶型的岛状结构。

（2）性质　锆石有无色、紫红、黄褐、淡黄、淡红、绿等颜色，透明到半透明，见图3-8（b）。密度4.4~4.8g/cm³，熔点2340℃~2550℃，硬度大，晶体呈短柱状，有金刚石光泽。无色透明的锆石酷似钻石，可作钻石的代用品。色泽美丽而透明的锆石可作宝石。

锆石的化学性质很稳定。可耐受3000℃以上的高温，因此可用作航天器的绝热材料。但在氧化条件下，加热至1550℃~1750℃时分解，生成ZrO_2和SiO_2：

$$ZrSiO_4 \xrightarrow[\text{氧化}]{1550℃~1750℃} ZrO_2 + SiO_2$$

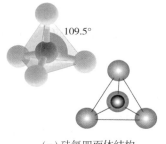

（a）硅氧四面体结构　　　　　　　　　　（b）锆石

图3-8　硅氧四面体结构及锆石

2. 高岭土　因产于景德镇的高岭村而得名。高岭土又称为**瓷土**，也就是较纯的黏土。化学组成为$Al_2O_3 \cdot 2SiO_2 \cdot 2H_2O$或$Al_2[Si_2O_5][OH]_4$。

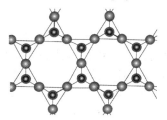
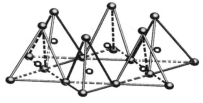

图3-9　高岭土及其［SiO₄］的层状结构

（1）结构　硅氧四面体［SiO₄］在一个平面上彼此连接成向二维空间无限延伸的六元环的硅氧层，层与层之间夹杂有金属阳离子以及水分子，层与层之间可以滑动，如图3-9所示。

（2）性质　高岭土为白色，因含杂质呈灰色、黄色或红褐色等，表面呈珍珠光泽。

大部分是致密状态或松散的土块状，见图 3 – 9。密度 2.2 ～ 2.6g/cm³，熔点约 1785℃。具有强的耐酸性能，但耐碱性能差。有一定的可塑性和黏结性，湿土能揉制成形，并能长期保持不变。高岭土是制作陶瓷的主要原料之一。

3. 长石　长石是钾、钠、钙、钡等元素的铝硅酸盐矿物。约占地壳总重量的 50%。按化学组成主要分为：

$$钾长石（正长石）：K_2O \cdot Al_2O_3 \cdot 6SiO_2 或 K[AlSi_3O_8]$$
$$钠长石：Na_2O \cdot Al_2O_3 \cdot 6SiO_2 或 Na[AlSi_3O_8]$$
$$钙长石：CaO \cdot Al_2O_3 \cdot 2SiO_2 或 Ca[Al_2Si_2O_8]$$

（1）结构　每个硅氧四面体 $[SiO_4]$ 的四个角顶，都与相邻的硅氧四面体共用一个氧原子，形成具有三维空间结构的骨架（与石英结构相同）。当 Al^{3+} 取代架状结构中的 Si^{4+} 时，K^+、Na^+、Ca^{2+} 等离子将引入结构以平衡电价。金属阳离子位于骨架内大的空隙中，如图 3 – 10 所示。例如钾长石 $K[AlSi_3O_8]$ 的结构中 Al^{3+} 占据 1/4 的四面体中心，而 K^+ 依附于 Al^{3+} 以平衡电价。钠长石和钙长石等具有与钾长石类似的结构。

（2）性质　长石常见乳白色，常因含有杂质呈现黄、褐、浅红、深灰等颜色，见图 3 – 10。具有玻璃光泽，密度 2.0 ～ 2.5g/cm³，熔点在 1100℃ ～ 1300℃ 之间。性脆，透明到半透明。有较高的抗压强度，化学性质稳定。钾长石采取快速冷却的热处理，可形成白榴石。

长石在与石英及铝硅酸盐共熔时有助熔作用，可降低烧结温度，常被用作玻璃及陶瓷坯釉的助熔剂。长石是陶瓷和玻璃的重要原料之一。

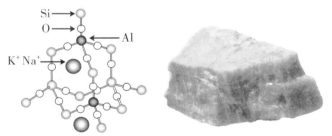

图 3 – 10　长石及其架状结构示意图　　　　　　　图 3 – 11　白榴石

4. 白榴石　白榴石是含钾的铝硅酸盐矿物，产于富钾贫硅的岩石中，与长石相比，钾的含量较高，而硅的含量较少。化学组成为 $K_2O \cdot Al_2O_3 \cdot 4SiO_2$ 或 $K[AlSi_2O_6]$。白榴石也具有与长石相似的架状结构。

白榴石是硅氧不饱和的高温矿物，当它形成时，若有 SiO_2 存在，就将形成钾长石，因此白榴石一般不与石英共生。

白榴石为无色或带浅黄、浅灰色调的白色、透明至半透明、有玻璃光泽或光泽暗淡的矿石，见图 3 – 11。密度 2.47 ～ 2.50g/cm³，熔点 1693℃。在制作义齿的烤瓷材料中添加白榴石作为结晶相，可以提高瓷层的热膨胀系数和强度，因此白榴石是金属烤瓷材料中不可缺少的组分。

思考

1. 比较锆石和长石在结构上有何区别。

2. 比较长石和白榴石在组成和结构上的异同。

四、硅酸盐玻璃

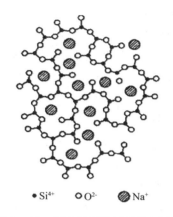

● Si⁴⁺   ○ O²⁻   ◍ Na⁺

图 3 – 12　钠硅酸盐玻璃结构示意图

以 SiO_2 为主要成分的玻璃统称为**硅酸盐玻璃**。SiO_2 能单独形成玻璃的网络结构。像前面提到的石英玻璃就是这样。如果在 SiO_2 中加入 K_2O、Na_2O、CaO 等金属氧化物，会使玻璃网络结构断裂，黏度变小，化学稳定性降低。如图 3 – 12 是在石英玻璃中加入 Na_2O 形成的钠硅酸盐玻璃网络结构，其化学成分为 $Na_2O \cdot SiO_2$。大部分的普通玻璃，像容器玻璃及平板玻璃等，都是以 $Na_2O \cdot CaO \cdot SiO_2$ 为主要成分的硅酸盐玻璃。

应该注意，在结构上硅酸盐玻璃与相应的硅酸盐晶体显著的区别在于：晶体中硅氧骨架按一定的对称规律排列，而玻璃中的硅氧骨架则是无序的。

玻璃透明、性脆、易破碎、耐腐蚀。在玻璃的生产过程中，加入不同的物质，调整化学组成，可以制得不同性能和用途的玻璃。例如，加入氧化铅（PbO）后制得的光学玻璃折光率高，可用来制造眼镜片，照相机、显微镜的透镜等；加入某些金属氧化物，可以制成彩色玻璃：加入氧化钴（Co_2O_3），玻璃呈蓝色；加入氧化亚铜（Cu_2O），玻璃呈红色。我们看到普通玻璃呈现的淡绿色，是因为原料中混有二价铁的缘故。

普通玻璃经过一定工艺处理后，可制成钢化玻璃（强化玻璃），钢化玻璃的机械强度比普通玻璃大 4 ~ 6 倍，抗震裂，不易破碎，一旦破碎，碎块没有尖锐的棱角，不易伤人，常用于制作汽车或火车的门窗玻璃等。

思考

分析比较钠硅酸盐玻璃、钠长石和石英玻璃在组成和结构上的异同。

五、陶瓷

（一）概述

陶瓷是陶器和瓷器的总称，**泛指通过高温烧结而获得所需性能的无机非金属材料**。**传统陶瓷**是指所有以黏土等无机非金属矿物为原料的人工产品，按所用原料从粗到精，烧结温度从低到高，逐渐从陶器发展到瓷器（图3-13）。

图3-13　陶器（左）与瓷器（青花瓷，右）

表3-2　陶器与瓷器的比较

类型	主要原料	烧结温度	特点	实例
陶器	黏土	800℃～1100℃	坯体不透明，有微孔，有吸水性，叩之声音不清脆	砖、瓦、陶瓷锅
瓷器	石英和高岭土	1260℃以上	坯体致密，无孔洞，无渗透性，叩之声音悦耳	碗、碟、日用瓷

如果用高岭土（40%～70%）、长石（10%～30%）和石英（15%～35%）的混合物，烧结温度在1400℃以上制成的瓷，细而致密，呈白色，称为**细瓷**。

陶瓷具有抗氧化、抗酸碱腐蚀、耐高温、绝缘、易成型等优点，像化学实验室的坩埚、蒸发皿都是陶瓷制品。

讨论

日常生活中，我们会见到许多色彩丰富的陶瓷制品，你知道这些颜色是怎么做出来的吗？

（二）陶瓷的颜色

陶瓷烧制前，在坯料或坯体中加入一些金属离子作为着色剂，可以制成各种颜色的陶瓷制品。例如添加不同量的氧化铁即可产生黄褐色、红色甚至绿色，加入氧化铬产生绿色，加入氧化钴产生蓝色，加入氧化镍产生灰色等。白地蓝花的青花瓷就是用钴料在瓷坯上描绘纹饰，然后高温烧成的。

在口腔修复工艺中，为了获得更好的修复效果，也会在瓷粉中加入某些金属氧化物。

（三）陶瓷的显微结构

从微观结构上来看，陶瓷几乎都是由一种或多种晶体组成，晶体周围通常被玻璃包围着，有时在晶体内或晶界处还有气孔。也就是说陶瓷一般是由**晶相、玻璃相和气相**（气孔）交织而成。所谓相是指系统中物理性质、化学性质完全相同的均匀部分。习惯上用晶相来命名陶瓷。例如，以刚玉（$\alpha - Al_2O_3$）为晶相的陶瓷叫作刚玉瓷。气相是在陶瓷制作过程中不可避免残存下来的。

陶瓷中的晶相与玻璃相

　　晶相是陶瓷的主要组成部分,晶相的性质和含量决定着陶瓷的物理、化学性能和力学性能,一般来说,晶相的含量增加,陶瓷的强度增大,抗裂纹扩展性增强,但透明度下降。所以,为了获得更好的力学性能,在用于全瓷修复材料的陶瓷中会含有大量的晶相(35%～100%)。

　　玻璃相是一种非晶态低熔物,起黏结分散的晶相、填充气孔、降低烧结温度、提高材料致密度等作用,大多数玻璃相的成分为 SiO_2;增加玻璃相的含量会降低其抗裂纹扩展性,强度下降,但能提高透明性。

生物玻璃陶瓷

　　玻璃陶瓷又称微晶玻璃,是玻璃经过微晶化处理制得的多晶固体。玻璃陶瓷与玻璃的不同之处在于:玻璃是由非晶体的玻璃相组成;玻璃陶瓷是由一种或几种晶相和残留玻璃相组成,晶相均匀地分布在玻璃基质中,且多于玻璃相。

　　生物玻璃(含有 CaO 及 P_2O_5 的玻璃)经过微晶化处理成为生物玻璃陶瓷(常用的有 $MgO \cdot CaO \cdot SiO_2 \cdot P_2O_5$)以后,不仅强度显著提高,而且能够析出羟基磷灰石等晶相,与人体牙和骨的成分相似,具有良好的生物相容性。可作植入人体材料,也可作烤瓷材料、磨削陶瓷材料和铸造陶瓷材料使用。

(四)常见的牙科陶瓷

　　1. 长石瓷　它也是一种细瓷,但瓷料的成分与细瓷还有差异。长石瓷一般含有70%～80%的长石(钾长石或钠长石)、10%～20%的石英和微量的高岭土。钾长石的性能比较好,所以钾长石在长石中占主要成分。钾长石可在1125℃～1170℃熔化并形成由白榴石构成的晶相和玻璃相。石英在加热过程中可形成玻璃网络骨架,赋予陶瓷的稳定性。

　　在口腔修复工艺中,长石瓷是最传统的牙科陶瓷。长石瓷可作为金属 – 烤瓷修复体(见彩图9)的瓷料,或者一些全瓷修复体的饰面瓷(见彩图10)等。

长石瓷的烧结　控制温度很关键

　　长石瓷的烧结温度一般在1125℃～1170℃。如果温度过高,会使陶瓷表面的玻璃相含量增加,透明性提高,但强度下降,抗裂纹扩展性降低。如果温度不够,则会出现表面不透明、有气孔的现象。

2. 氧化铝陶瓷 氧化铝（Al_2O_3）是不溶于水的白色粉末，有两种主要晶型：α-Al_2O_3 和 γ-Al_2O_3。γ-Al_2O_3 在低温下稳定，其密度较小，硬度不高，能溶于酸和强碱。α-Al_2O_3 在高温下化学性质极不活泼，其结构致密，硬度、熔点都高，不溶于酸或强碱。天然的刚玉为 α-Al_2O_3，其硬度仅次于金刚石和金刚砂（SiC）。含微量杂质（含Cr）呈红色的称为红宝石，呈蓝色（含 Fe 或 Ti）的称为蓝宝石。在口腔修复工艺中，刚玉可用于喷砂和树脂的打磨。

陶瓷中 Al_2O_3 的含量在 45% 以上，就可以称为氧化铝陶瓷。随着 Al_2O_3 含量的增加，瓷体的强度增大。99.9% 的高纯氧化铝陶瓷叫作**全铝瓷**，是氧化铝陶瓷系列中强度最高的，仅次于氧化锆陶瓷。氧化铝陶瓷具有较好的生物相容性。

在口腔修复工艺中，可采用计算机辅助设计-计算机辅助制作（CAD/CAM）系统或压铸等方法，制作氧化铝全瓷冠的内冠。

3. 氧化锆陶瓷 二氧化锆（ZrO_2）存在于锆英砂中。纯二氧化锆为白色，含杂质时呈黄色或灰色，无臭，无味，不溶于水，密度为 $5.89g/cm^3$，熔点为 2706℃。有单斜、四方和立方三种晶体结构（如图 3-14），它们之间有如下的转变关系：

A. 单斜晶体	B. 四方晶体	C. 立方晶体
$a \neq b \neq c$	$a = b \neq c$	$a = b = c$
$\alpha = \beta = 90° \neq \gamma$	$\alpha = \beta = \gamma = 90°$	$\alpha = \beta = \gamma$

图 3-14 氧化锆的三种晶体类型

$$单斜\ ZrO_2 \underset{1000℃}{\overset{1200℃}{\rightleftharpoons}} 四方\ ZrO_2 \overset{2370℃}{\rightleftharpoons} 立方\ ZrO_2$$

常温下，氧化锆以稳定的单斜晶体结构存在。单斜氧化锆加热至 1200℃ 左右时，转化为四方结构，并伴随 7%~9% 的体积收缩。但在冷却过程中，四方结构在 1000℃ 左右转化为单斜结构，会伴随体积膨胀。在 2370℃ 时，四方结构转化为立方结构。立方晶体在 2706℃ 时，熔化为液体。

未经高温处理的单斜二氧化锆能溶于无机酸，经高温制得的二氧化锆除氢氟酸以外不与其他酸作用。氧化锆具有高硬度、高强度、极高的耐磨性以及很好的生物相容性。在陶瓷、机械、光学等领域获得广泛应用。

氧化锆陶瓷是一种无明显玻璃组分的多晶体结构，并以稳定的立方氧化锆为主晶相，具有优异的力学和热学等性能。在口腔修复工艺中，可采用计算机辅助设计-计算机辅助制作（CAD/CAM）系统制作全瓷牙内冠（见彩图10）。

氧化铝陶瓷和氧化锆陶瓷，除了具有陶瓷的一般特性以外，它们的生物相容性也优于各种金属合金，包括黄金。所以，这些新型陶瓷在口腔修复工艺中有着很好的发展前景。

CZ 钻

CZ 是立方氧化锆的商品代号，因此用它磨成的假钻石也叫作"CZ 钻"。立方氧化锆的折射率、色散、硬度等性质与真钻石非常相近。由于 CZ 钻价格低廉，外观又极像钻石，所以 CZ 钻是更好的钻石代用品。

如何避免氧化锆陶瓷开裂

由于单斜氧化锆与四方氧化锆之间的晶型转变伴有显著的体积变化，造成氧化锆陶瓷在烧成过程中容易开裂。所以通常加有适量的氧化钙（CaO）或氧化钇（Y_2O_3）作为稳定剂，在 1500℃ 以上四方氧化锆可以与这些稳定剂形成立方晶型的固溶体。在冷却过程中，这种固溶体不会再转化成其他晶型，这样就不会有体积效应。因而可以避免氧化锆制品开裂。

请到口腔修复工作室，观察陶瓷的应用。

 归纳与整理

1. 生石膏：二水硫酸钙（$CaSO_4 \cdot 2H_2O$）；熟石膏：半水硫酸钙（$CaSO_4 \cdot 1/2H_2O$），有 α 和 β 两种晶形；无水石膏：无水硫酸钙（$CaSO_4$）。

生石膏煅烧脱水转化为熟石膏的过程吸收热量，其过程如下：

$$生石膏 \begin{cases} \xrightarrow[\text{开放式 干法煅烧}]{100℃ \sim 120℃} β-半水石膏 \\ \xrightarrow[\text{密闭式 湿法煅烧}]{0.13MPa, 120℃} α-半水石膏 \end{cases} \xrightarrow{\triangle} 无水石膏 \xrightarrow[\text{分解}]{800℃} CaO、SO_2、O_2$$

熟石膏与水反应重新变成石膏的过程放出热量，其过程如下：

$$熟石膏（α-半水石膏、β-半水石膏）\xrightarrow{H_2O} 生石膏$$

每 100g 熟石膏变为生石膏理论需水量为 18.6g，而实际的需水量比理论值要多。

2. 浓硝酸、稀硝酸和浓硫酸属于氧化性酸，磷酸属于非氧化性酸。浓硫酸还有吸水性和脱水性。

3. 石英晶体变种的差别是［SiO₄］的连接方式不同。

石英晶体和石英玻璃的相同点：都是［SiO₄］连成的空间网络结构；不同点：石英晶体中［SiO₄］规则排列，石英玻璃中［SiO₄］的排列是近程有序、远程无序。

石英晶体和石英玻璃的化学性质相同。

4. 锆石可用于提取或生产 ZrO_2。锆石结构中的［SiO₄］为孤立状态，化学性质很稳定。高岭土为层状结构，长石和白榴石为架状结构。高岭土和长石都是陶瓷和玻璃的重要原料。

5. 以 SiO_2 为主要成分的硅酸盐玻璃与相应硅酸盐晶体的显著区别也在于［SiO₄］骨架的排列是无序还是对称规律。

6. 陶瓷泛指通过高温烧结而获得所需性能的无机非金属材料。传统陶瓷是指所有以黏土等无机非金属矿物为原料的人工产品。从微观结构上看，是由结晶相、玻璃相和气相组成。在陶瓷的坯料中加入一些金属离子，可以制成各种颜色的陶瓷制品。

7. 长石瓷由 70%～80% 的长石、10%～20% 的石英和微量的高岭土组成。高温下长石分解形成由白榴石构成的晶相和玻璃相。

Al_2O_3 的含量在 45% 以上的陶瓷称氧化铝陶瓷。氧化锆的单斜、四方和立方三种晶体结构可相互转化。氧化锆陶瓷以稳定的立方氧化锆为主晶相。氧化铝陶瓷和氧化锆陶瓷，都有很好的生物相容性。

自我检测

一、填空题

1. 浓硫酸能使纸片变黑，是由于它具有_____性；浓硫酸可以与铜反应，是由于它具有_____性。
2. 硫化氢是_____色、_____味的气体，比空气_____，_____与水。由于硫化氢有_____性，能被氧化为单质硫。
3. 含有 2 个分子结晶水的硫酸钙称为_____，加热失去结晶水，变成粉末状的_____。
4. 根据理论计算，每 100g 熟石膏转化为生石膏，需要的水为_____g。
5. 硅位于元素周期表的第_____周期、第_____族，最外层上有_____个电子。
6. 200 多种二氧化硅统称为_____。天然的二氧化硅分为_____和_____两大类。
7. 在二氧化硅中，每个硅原子以_____与四个氧原子结合，形成_____。
8. 石英类的二氧化硅晶体有_____、_____和_____三种变体。
9. 将石英加热到 1710℃ 熔融，冷却时，会成为_____。
10. 传统玻璃的结构与相应的晶体的不同之处在于结构单元（四面体）排列

的_____。

11. 在铝硅酸盐中含量最大的是长石，常见的长石有_____、_____、_____。

12. 长石瓷的主要成分有_____、_____和_____。_____的含量较高。

13. 从微观结构看，陶瓷一般是由_____相、_____相和_____相交织而成。

14. 稀硝酸和浓硝酸都有_____性，金属与硝酸反应时都不会产生氢气。铜与浓硝酸反应产生的气体是_____。

15. 磷酸是_____的晶体，具有_____，易溶于水，与水能以任何比例相溶，_____氧化性。所有的磷酸二氢盐都_____水，而磷酸的正盐和磷酸氢盐中，只有钾盐、钠盐和铵盐能溶于水。

16. 二氧化锆也有很好的_____，在口腔修复工艺中可用二氧化锆陶瓷，通过计算机辅助设计－计算机辅助制作系统制作基底牙冠。

二、选择题

1. 地壳中含量最多的元素是（　　），其次是（　　）
   A. 碳　　　　　B. 硅　　　　　C. 硫　　　　　D. 氧

2. 下列叙述中，正确的是（　　）
   A. 自然界存在大量单质硅
   B. 石英、水晶、硅石的主要成分都是二氧化硅
   C. 二氧化硅的性质活泼，能与酸、碱发生化学反应
   D. 自然界中二氧化硅都存在于石英矿中

3. 硅酸盐阴离子基本单元［SiO_4］的结构为（　　）
   A. 正方体　　　B. 四面体　　　C. 三角形　　　D. 多面体

4. 石英晶体与石英玻璃的转化温度为（　　）℃
   A. 117　　　　　B. 870　　　　　C. 1470　　　　D. 1710

5. 在 $Cu + 2H_2SO_4$（浓）$\Longrightarrow CuSO_4 + SO_2\uparrow + 2H_2O$ 反应中，浓硫酸表现的性质是（　　）
   A. 酸性、氧化性　　B. 氧化性　　　C. 酸性　　　D. 所有的特性

6. 长石的结构为（　　）
   A. 岛状结构　　　B. 链状结构　　C. 层状结构　　D. 架状结构

7. 下列物质可以单独形成玻璃网络的物质是（　　）
   A. SiO_2　　　　B. K_2O　　　　C. Na_2O　　　　D. Al_2O_3

8. 常温下能用铝制容器盛放的是（　　）
   A. 浓盐酸　　　　B. 浓硝酸　　　C. 稀硝酸　　　D. 稀硫酸

9. 硝酸应避光保存是因为它具有（　　）
   A. 强酸性　　　　B. 强氧化性　　C. 挥发性　　　D. 不稳定性

三、问答题

1. 你接触和使用过哪些硅酸盐制品或材料？试说明它们的特点。

2. 简述陶瓷的结构特点。

第四章 金 属

知识要点

1. 金属的分类。
2. 金属键、金属晶体的概念和金属的物理、化学性质。
3. 口腔修复工艺中常用金属及其化合物的性质。
4. 合金的概念、类型及特性。口腔修复工艺中常用合金的性能。
5. 原电池的工作原理；金属腐蚀的类型及特点，金属义齿在口腔内腐蚀的主要因素。

在口腔修复工艺中，金属材料的应用历史很悠久，远在古代就已用金属进行牙体修复，目前金属材料仍然是口腔修复工艺中的重要材料。那么，金属的物理、化学性质有哪些？金属义齿在口腔中被腐蚀的原因是什么？如何防护？为什么在口腔修复工艺中常用合金，而不用纯金属？这都是我们在本章要解决的问题。

第一节 概 述

到目前为止，已知的元素有 112 种，除 22 种非金属外，其余 4/5 均为金属。在元素周期表中，可通过硼和砹之间的连线分区：位于连线右上方的为非金属，位于左下方的是金属；位于连线两侧的硼、硅、砷、碲、锗、锑等元素的某些性质则介于金属和非金属之间，故称为半金属或准金属。说明金属和非金属之间没有绝对的界限。

金属通常可分为**黑色金属**与**有色金属**两大类，黑色金属包括铁、锰和铬及它们的合金，主要是铁碳合金（钢铁）；有色金属是指除去铁、铬、锰之外的所有金属。

有色金属按其密度、价格、在地壳中的储量及分布情况、被人们发现和使用的早晚等，大致分为四大类：

1. **轻有色金属** 一般指密度在 $5g/cm^3$ 以下的有色金属，包括铝、镁、钠、钾、钙、锶、钡。这类金属的共同特点是：密度小，化学性质活泼，与氧、硫、碳和卤素形成的化合物都相当稳定。

2. **重有色金属** 一般指密度在 $5g/cm^3$ 以上的有色金属，包括铜、镍、铅、锌、钴、锡、锑、汞、镉、铋等。有些重金属进入人体后，破坏人体正常的生理功能，危害健康，被称为有毒重金属，主要有铅、镉、汞等。

3. 稀有金属 通常指：①自然界中含量较少；②总含量不少但极分散；③难以从矿物中提取纯化，应用较晚；④有放射性的和完全通过人工核反应得到的金属元素。这类金属包括：锂、铷、铯、铍、钨、钼、钽、铌、钛、铪、钒、铼、镓、铟、铊、锗、稀土元素及人造超铀元素等。要注意，普通金属和稀有金属之间没有明显的界线，大部分稀有金属在地壳中并不稀少，许多稀有金属比铜、镉、银、汞等普通金属还多。

4. 贵金属 这类金属包括金、银和铂族元素（钌、铑、钯、锇、铱、铂），由于它们对氧和其他试剂的稳定性，而且在地壳中含量少，开采和提取比较困难，故价格比一般金属贵，因而得名贵金属。它们的特点是密度大（$10.5 \sim 22.48 \mathrm{g/cm^3}$）；熔点高（$962℃ \sim 3045℃$）；化学性质稳定。其制品有金属光泽，不易被腐蚀、变形。早期用它们制成饰品或作为货币流通。

在口腔修复工艺中，我们一般把金属分为**贵金属**和**非贵金属**两大类。非贵金属又叫作贱金属，是指除贵金属以外的所有金属。

金属的性质相差很大，以不同形式存在于自然界。性质活泼的多以稳定化合物状态存在于地壳和海水中，最主要的是氧化物和硫化物，其次是氯化物、硫酸盐、碳酸盐等。性质不活泼的少数几种金属如金、银、铜等，在自然界有游离状态的单质形式，因此可以在岩石层或砂砾中找到天然的金块。

第二节　金属键及金属晶体

知识回顾

离子键：阴、阳离子之间通过静电作用所形成的化学键。形成的条件是活泼金属元素和活泼非金属元素之间。

离子晶体：离子间通过离子键结合而成的晶体，例如 NaCl、CaF_2 等。

晶格：在晶体中，用点表示粒子所处的位置，并用直线把各点连接而成的几何图形。

图 4-1　某种金属晶体结构

金属有许多共同的物理性质，如容易导电、导热、有延展性、有金属光泽等等。金属为什么会具有这些性质呢？

金属（除汞外）在常温下都是晶体。通过 X 射线进行研究发现，在金属中，金属原子好像许多硬球一层一层紧密地堆积在一起，每一个金属原子周围有许多相同的金属原子包围着。如图 4-1，是某种金属晶体的结构示意图。

由于金属原子的外层电子比较少，金属原子容易失去外层电子变成金属离子。金属原子释放出电子后形成的金

属离子按一定规律堆积，释放出的电子则在整个晶体里自由
运动，称为**自由电子**，如图4-2。金属离子与自由电子之间
存在着较强的作用，使许多金属离子结合在一起。像**这种金
属离子跟自由电子之间强烈的相互作用叫金属键**。通过金属
键形成的晶体，叫作**金属晶体**。在金属晶体里，自由电子不
是专属于某一个或几个特定的金属离子，它们几乎均匀地分
布在整个晶体中，被许多金属离子所共用。

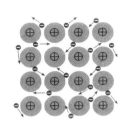

图4-2　金属的内部结构

　　某元素的原子越易成为离子和自由电子，就越易形成金
属晶体。所以，在元素周期表中第Ⅰ主族和第Ⅱ主族的元素，具有强的金属性。

思考

　　金属键与离子键的形成条件有何区别？

第三节　金属的性质

一、金属的物理性质

　　在常温下，除汞以外，金属一般都是晶体。在晶体中，由于自由电子的存在和晶体
的紧密堆积结构，使金属具有许多共同的物理性质。

（一）金属光泽

　　当可见光照射到金属表面上时，自由电子吸收了所有频率的光，然后很快放出各种
频率的光，这就使绝大多数金属呈现钢灰色以至银白色光泽。此外，金显黄色，铜显赤
红色，铋为淡红色，铯为淡黄色，铅是灰蓝色，其原因是因为它们较易吸收某些频率的
光。金属光泽只有在整块金属时才能表现出来，在粉末状时，一般金属都呈暗灰色或黑
色。这是因为在粉末状时，金属晶面取向杂乱，晶格排列不规则，吸收可见光后辐射
不出去，所以为黑色。

（二）导电性和导热性

　　大多数金属都是电和热的良好导体。在通常情况下，金属晶体中自由电子的运动没
有一定方向。但在外电场的作用下，自由电子会发生定向运动而形成电流，所以金属都
容易导电，但它们的导电能力各不相同。导电能力强的金属也易于导热，常见的几种金
属的导电和导热能力由强到弱的顺序如下：

Ag　Cu　Au　Al　Zn　Pt　Sn　Fe　Pb　Hg

铜和铝常被用作输电线的主要原因就在于此。

　　金属的导热性也与金属晶体中自由电子的运动密切相关。自由电子在运动时经常跟
金属离子相碰撞，从而引起能量交换。金属就是通过自由电子跟金属离子的相互碰撞，

把能量从温度高的部分传递到温度低的部分，使整块金属的温度达到一致。

（三）延展性

金属具有延性，即可以抽拉成丝。例如，最细的铂金直径不过 1/5000mm。金属又有展性，即可以压成薄片。例如，最薄的金箔厚度只有 1/10000mm。在外力的作用下，金属晶体中各层之间可以发生相对滑动。滑动以后，各层之间仍然保持金属键的作用（图 4-3）。因此，在外力的作用下，金属虽然发生了形变，但不致断裂。所以金属一般都有良好的延展性。但不同金属有不同的延展性，常见的几种金属的延展性由大到小的顺序如下：

延性　Pt　Au　Ag　Al　Cu　Fe　Ni　Zn　Sn　Pb

展性　Au　Ag　Al　Cu　Sn　Pt　Pb　Zn　Fe　Ni

由于金属具有延展性，所以可通过锤击、轧压、抽拉等方法将金属制成各种形状的制品。在室温下经上述加工的金属，其硬度增大，延展性下降，这时如将金属加热至一定温度进行热处理，能使其性能得到恢复。如在炽热的条件下进行加工，则不会使金属性能发生较大变化。

也有少数金属如锑、铋、锰等，它们的延展性很小，当敲打时就会破碎成小块。

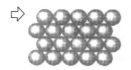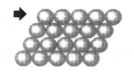

图 4-3　金属的延展性示意图

（四）密度　熔点　硬度

金属的密度、熔点、硬度等性质的差别很大。表 4-1、表 4-2、表 4-3 分别列出了几种常见金属的密度、熔点和硬度。

表 4-1　几种金属的密度（g/cm³）

物质	密度	物质	密度	物质	密度	物质	密度	物质	密度
锇	22.48	汞	13.6	铜	8.92	铬	7.3	铝	2.7
铂	21.45	铅	11.35	镍	8.9	锡	7.28	镁	1.74
金	19.3	银	10.5	铁	7.86	锌	7.14	钙	1.55

表 4-2　几种金属的熔点（℃）

物质	熔点	物质	熔点	物质	熔点	物质	熔点	物质	熔点
钨	3410	铁	1535	金	1064	铝	660	铅	328
铬	1890	镍	1453	银	962	镁	649	锡	232
铂	1772	铜	1083	钙	839	锌	420	汞	-39

表 4 – 3　几种金属的硬度与金刚石的比较

物质	硬度	物质	硬度	物质	硬度	物质	硬度	物质	硬度
金刚石	10	铁	4 ~ 5	金	2.5 ~ 3	镁	2	钙	1.5
铬	9	银	2.5 ~ 4	铝	2 ~ 2.9	锡	1.5 ~ 1.8	钾	0.5
铂	4.3	铜	2.5 ~ 3	锌	2.5	铅	1.5	钠	0.4

　　综上所述，金属的物理特性大都与金属晶体中存在自由电子有关。但金属的密度、熔点、硬度等性质，则主要取决于金属各自的结构特征（原子质量、核电荷数、晶体中金属离子的排列方式等）。

思考

　　导电性最好的金属是哪一种？延展性最好的金属是哪一种？

二、金属的化学性质

　　金属元素的原子最外层电子数较少，原子半径较大。当发生化学变化时，金属原子容易失去电子而转变为阳离子，所以金属常作为还原剂。一种金属元素的原子越容易失去电子，它的化学活动性就越强，还原性也就越强。不同的金属元素的原子结构不同，化学活动性有显著差别。常见金属的化学活动性（在水溶液中失去电子的能力）顺序如下：

K Ca Na Mg Al Ti Mn Zn Cr Fe Co Ni Sn Pb （H）　Cu Hg Ag Pt Au →

金属活动性由强逐渐减弱

下面根据金属活动性顺序来讨论金属的主要化学性质。

（一）金属与非金属的反应

　　在金属活动性顺序中，活动性越强的金属，就越容易与非金属发生反应。例如，钾、钙、钠等金属，常温下在空气中很容易跟氧起反应而被氧化；镁、铝、锌等金属在空气中也能缓慢地跟氧起反应而被氧化；铁、镍、铜、汞等金属在常温下的干燥空气中不易被氧化，在加热的条件下才能跟氧结合；而银、铂、金在炽热的情况下，也很难跟氧结合。金属跟卤素或硫等非金属的反应，类似于跟氧的反应。

　　金属与非金属的反应和金属表面生成的氧化物膜的性质也有很大关系。有些金属如铝、铬形成的氧化物结构紧密，它紧密覆盖在金属表面，防止金属继续被氧化。这种氧化膜的保护作用叫**钝化**。在空气中铁表面生成的氧化物，结构疏松，因此铁在空气中易被腐蚀。所以常将铁等金属表面镀铬，这样既美观，又能防腐蚀。

（二）金属与酸的反应

　　在金属活动性顺序中，位于氢前面的金属能从稀酸（具有氧化性的酸如稀硝酸等除外）中置换出氢；铜、汞、银等金属能溶于硝酸或浓硫酸中；而铂或金仅能溶于王水中。有的金属如铬、铝、铁等在浓硝酸、浓硫酸中会产生钝化而不继续发生作用。

（三）金属与盐的置换反应

在金属活动性顺序中，排在前面的金属能将后面的金属从其盐溶液中置换出来。两种金属在活动性顺序中的位置相距越远，这种置换反应就越容易进行。

现把金属的主要化学性质归纳在表 4 - 4 中。

表 4 - 4　金属的主要化学性质

金属活动顺序	K Ca Na	Mg Al Ti Mn Zn Cr Fe Co Ni Sn Pb	H	Cu Hg	Ag	Pt Au
金属在溶液中失去电子的能力		失电子的能力依次减小，还原性减弱				
在空气中与氧的反应	易被氧化	常温时被氧化	—	加热时能被氧化		不能氧化
与酸的反应	能置换稀酸（HCl、H_2SO_4）中的氢		—	不能置换稀酸中的氢		
				能与 HNO_3 及浓 H_2SO_4 反应		只能与王水反应
与盐的反应	前面的金属可以从盐溶液中置换后面的金属：$M_{前} + M_{后}^{n+} \rightarrow M_{前}^{n+} + M_{后}$					

思考

分别写出锌与稀硫酸、铜与浓硫酸的反应方程式。

第四节　口腔修复工艺中常用的金属及其化合物

一、铂族

讨论

人们为什么用金属铂制作首饰？

铂族元素又称铂系元素，包括 Ⅷ 族中的钌（Ru）、铑（Rh）、钯（Pd）和锇（Os）、铱（Ir）、铂（Pt）六种元素。钌、铑和钯的密度约为 $12g/cm^3$；锇、铱和铂的密度大约为 $22g/cm^3$。人们常把金、银和铂系元素一起称为**贵金属元素**。

（一）存在

自然界中含铂系金属的最重要矿物是天然铂矿和锇铱矿。铂矿中除铂外，还有其他铂系金属共生在一起；锇铱矿除有锇和铱外，也含有钌和铑等。

钯可与金、银、铜、钴、锡等形成合金。铂是高级齿科黄金合金的重要组成部分，在钯基合金、银钯合金中也含有铂。铱和钌在口腔合金中作为晶粒细化剂使用。

（二）性质

铂系元素除锇为蓝灰色外，其余都是银白色。它们都是难熔的金属，其中锇的熔点最高（3045℃），钯的熔点最低（1552℃）。钌和锇的特点是硬度高而脆，不能承受机械加工。铱和铑虽然可承受机械加工，但很困难。纯净的铂具有极好的延展性，将1g纯铂抽成细丝，可长达4km，将铂冷轧可以制得厚度为0.0025mm的铂箔。

铂系元素的化学稳定性非常高。在常温下，不与氧、硫等非金属元素起反应。在高温下，铂系元素可以被氧化，但在1000℃以上，氧化物又可以分解。

钌和锇、铑和铱，它们不仅不溶于一般的酸中，甚至王水也不能使它们溶解。钯和铂都溶于王水，钯还可以溶于浓硝酸和热硫酸中，它是铂系元素中最活泼的一个。

二、铜族

铜族元素包括铜（Cu）、银（Ag）、金（Au）三种元素，是元素周期表的第IB族。铜、银、金是人类最早应用的金属，因其化学性质不活泼，所以它们在自然界有游离的单质存在。铜主要存在于铜矿，有辉铜矿（Cu_2S）、黄铜矿（$CuFeS_2$）、赤铜矿（Cu_2O）等。银主要以硫化物形式存在。除较少的闪银矿（Ag_2S）外，硫化银常与方铅矿共生。金矿主要是自然金，自然金有岩脉金（散布在岩石中）和冲积金（存在于砂砾中）两种。

（一）铜族元素的性质及用途

铜、银、金依次是赤红色、银白色、黄色的重金属。它们的密度较大，熔点、沸点较高，有优良的导电、传热等共同特性。铜、银、金都具有很好的延展性，特别是金，1g金能抽成长达3km的金丝，或压成厚度约为0.0001mm的金箔。金、银在空气中性质稳定，外观美丽，传统用来制造首饰、货币等。

在口腔修复工艺中，铜、银、金都可用于电镀，铜还可以作为电解槽的电极。铜、银、金可与铂等其他金属形成合金。

本族元素性质变化规律和所有副族一样，从上到下按铜、银、金的顺序，金属活泼性递减，这与主族元素恰好相反。

1. 与非金属的反应 铜在常温下，不与干燥空气中的氧化合，加热时能产生黑色的氧化铜（CuO）。

$$2Cu + O_2 \xrightarrow{\triangle} 2CuO$$

银、金在加热时也不与空气中的氧化合。在潮湿的空气中放久后，铜表面会慢慢生成一层铜绿［$Cu_2(OH)_2CO_3$］。银、金则不发生这个反应。空气中含有的H_2S气体跟银接触后，银的表面上就生成一层Ag_2S的黑色薄膜，而使银失去银白色的光泽。含银的合金义齿长时间会变黑，其原因之一就是口腔中有蛋白质分解产生的H_2S，在空气存在

下与银产生黑色 Ag_2S 而引起的。

2. 与酸的反应 在金属活动顺序中，铜、银、金都排在氢的后面，所以它们都不能置换稀酸中的氢。但铜可与硝酸、热的浓硫酸发生氧化还原反应。银与硝酸及热浓硫酸反应很困难。金不溶于硝酸和热浓硫酸，但银、金都可被王水溶解。

（二）铜族元素的化合物

铜族元素常见的化合物有：

氧化铜（CuO），为黑色，不溶于水，可与稀酸反应。

硫化铜（CuS），为黑色，不溶于水，也不溶于稀酸，但溶于热的稀硝酸中。

氧化银（Ag_2O），为暗棕色，不稳定，加热至 300℃ 即可完全分解。

硫化银（Ag_2S），为灰黑色粉末，不溶于水，也不溶于稀酸，但溶于浓硫酸和硝酸。

> **思考**
>
> 能用盐酸清洗金、银首饰吗？在盐酸中加入浓硝酸清洗金、银首饰时，会减轻首饰的重量。为什么？

三、铁

> **讨论**
>
> 你能在日常生活中分别找出生铁和熟铁制品吗？它们有什么区别？

铁（Fe）位于元素周期表的第四周期、第Ⅷ族。在自然界，铁主要存在于磁铁矿（Fe_3O_4）、赤铁矿（Fe_2O_3）、褐铁矿（$2Fe_2O_3 \cdot 3H_2O$）、黄铁矿（FeS_2）等矿物中。

（一）物理性质

单质铁有金属光泽，呈银白色。粉末状时呈黑色，熔点为 1535℃，密度为 7.86g/cm³。铁有很好的延展性，机械强度不高。

含碳量在 0.1% 以下的铁称为**熟铁**，含碳量大于 1.7% 的铁称为**生铁**；含碳量在两者之间的铁称为**钢**。熟铁韧性好，可锻打成形，又称**锻铁**。生铁硬而脆，可浇铸成形又称**铸铁**。钢又按含碳量分为低碳钢、中碳钢、高碳钢。含碳越多，硬度越好，强度越大，但韧性和塑性减小。铁是口腔优质钢的主要成分，口腔修复工艺中的许多工具和设备都是用钢制造的。铁还可以与许多金属、非金属组成合金，性能各不相同。

（二）化学性质

铁在金属活动顺序中排在氢的前面，是比较活泼的金属，铁一般表现为 +2、+3 价。

1. 与非金属的反应　在常温下，纯净的铁在没有水汽存在时，与氧、硫、碳、硅等非金属单质不起显著作用；高温时，可与上述非金属单质反应，如：

$$3Fe + 2O_2 \xrightarrow{\text{点燃}} Fe_3O_4$$

$$Fe + S \xrightarrow{\triangle} FeS$$

2. 与水的反应　常温时，铁与水不反应。高温时，红热的铁与水蒸气反应生成四氧化三铁并放出氢气。

$$3Fe + 4H_2O（气）\xrightarrow{\text{高温}} Fe_3O_4 + 4H_2 \uparrow$$

铁在潮湿的空气中能与氧气、水、二氧化碳等缓慢反应，生成铁锈而被腐蚀。铁锈的成分复杂，主要是铁的氧化物（Fe_2O_3），铁锈是一层松脆多孔的物质，不能保护内层的铁不受锈蚀。

3. 与酸的反应　铁是活泼金属，能与稀酸反应置换出 H_2。

$$Fe + H_2SO_4 = FeSO_4 + H_2 \uparrow$$

常温时，铁和铝、铬一样，与浓硫酸和浓硝酸不起作用，这是因为在铁的表面生成一层保护膜使铁钝化，但稀硝酸却能溶解铁。

4. 与盐的置换反应　根据金属活动顺序，铁能与排在它后面的金属的盐溶液反应，置换出不活泼的金属。例如铁与硫酸铜溶液反应：

$$Fe + CuSO_4 = FeSO_4 + Cu$$

（三）铁的氧化物

常见铁的氧化物有：黑色的氧化亚铁（FeO）、砖红色的三氧化二铁（Fe_2O_3）。它们都能溶于稀酸。例如：

$$Fe_2O_3 + 6HCl = 2FeCl_3 + 3H_2O$$

Fe_2O_3 粉末与蜡和硬脂酸等混合制成的抛光膏，用于抛光贵金属和铜合金。

思考

铁锈为什么不能保护内层的铁不再受锈蚀？

四、铬

讨论

为什么要在自行车把上镀铬？

铬（Cr）位于元素周期表的第四周期、第ⅥB族。铬在自然界的主要矿物是铬铁矿，其组成为 $FeO \cdot Cr_2O_3$ 或 $FeCr_2O_4$。

（一）物理性质和用途

铬是银白色有光泽的金属，有延展性。铬具有较高的抗腐蚀性，常镀在其他金属的表面上，如自行车的车把及车圈、汽车的镀铬制造等。大量的铬用于制造合金，铬是钴铬合金、镍铬合金的重要组成成分；含铬 12% ~ 14% 的钢称为"不锈钢"，有极强的耐腐蚀性。

（二）化学性质

在常温下，铬在潮湿空气中也不会生锈，其原因是在铬的表面上会形成起保护作用的氧化膜。铬被加热后很容易与大多数非金属结合，例如与碳、硫和氧等直接化合。铬在氧气中燃烧生成绿色的三氧化二铬：

$$4Cr + 3O_2 \xrightarrow{\text{点燃}} 2Cr_2O_3$$

三氧化二铬可用作玻璃和陶瓷的着色剂，陶瓷中加氧化铬会显绿色。Cr_2O_3 粉末与蜡和硬脂酸等混合制成块状抛光膏，俗称抛光绿粉，用于金属抛光。

铬能慢慢地溶于稀盐酸或稀硫酸：

$$Cr + 2HCl == CrCl_2 + H_2 \uparrow$$

铬能溶于浓硫酸，但不溶于浓硝酸，因为表面生成致密的氧化膜而使铬钝化。

五、钛

钛（Ti）位于元素周期表的第四周期、第ⅣB族。在地壳中钛大部分处于分散状态，主要的矿物有金红石 TiO_2 和钛铁矿 $FeTiO_3$。

（一）物理性质和用途

钛的熔点高（1660℃），密度小（4.5g/cm³），比钢轻，而钛的机械强度与钢相近。钛具有好的延展性，可进行冷态加工。钛是电的良导体，但其导热性很差。由于钛在金属中是生物相容性最好的一种，可用它来制作种植体，还可以用它代替损坏的骨头，因而又被称为"亲生物金属"，这是钛在医学上独特的用途。

（二）化学性质

钛还具有耐高温、抗腐蚀性强等优点。在常温下，钛具有很好的抗腐蚀性，原因是其表面容易形成致密的氧化膜。但在高温时，钛的化学性质变得很活泼，容易与 O_2、N_2、H_2 等非金属反应。例如：

$$Ti + O_2 \xrightarrow{230℃} TiO_2$$

$$2Ti + N_2 \xrightarrow{730℃} 2TiN$$

因此，在冶炼钛时，要使用不含氧的材料进行，并用惰性气体保护。

在室温时，钛与稀盐酸、稀硫酸和硝酸都不作用，但能被氢氟酸溶解，也能被磷酸、热的浓盐酸和熔融的碱侵蚀。金属钛更易溶于 HF + HCl（H_2SO_4）中，这时除浓酸与金属的作用外，还有配位化合物的生成。

在钛中添加钼、锰、钴、铬、钒、铌等多种元素，能获得性能优良的钛合金。钛可以改善合金在口腔中的防腐性。钛是口腔常用的钛基合金、镍钛合金的主要成分。近年来，钛也成为口腔贵金属合金的成分。

纯二氧化钛呈白色粉末状，在陶瓷和搪瓷中，加入 TiO_2 可增强耐酸性。二氧化钛既不溶于水，也不溶于稀酸，但能溶于氢氟酸和热的浓硫酸中。

思考

1. 金属钛的特点有哪些？钛为什么可用来制作种植体或者代替损坏的骨头？

2. 在口腔修复工艺中的铸造方式有离心铸造和真空压力铸造，为什么钛合金的铸造采用真空压力铸造，并用氩气进行保护？

第五节　合金及其特性

一、合金

合金是由两种或两种以上的金属（或金属与非金属）熔合而成的具有金属通性的混合物。合金与各组成成分金属相比，具有许多优良的物理、化学或机械性能，所以合金比纯金属更有实际应用价值。口腔修复工艺中所用的金属材料主要是合金材料。根据合金的结构，分为金属固溶体和金属互化物两大基本类型。

（一）金属固溶体

合金组成物在固态下彼此相互溶解而形成的晶体，称为**金属固溶体**或**固态溶液**。与液体溶液相似，固溶体中被溶组成物（溶质）可以有限地或无限地溶于基体组成物（溶剂）的晶格中。换句话说，在金属固溶体中，保持晶格不变的组成物称为溶剂，晶格消失的组成物称为溶质。金属固溶体的最大特点是保持溶剂的晶体结构不变。根据溶质原子在晶体中所处的位置，分为置换固溶体和间隙固溶体。

1. 置换固溶体　溶质金属原子取代溶剂晶格内若干位置，形成置换固溶体，如图 4-4（a）所示。例如，铜和金形成的合金中铜原子可以在金晶格中的任意位置替代金原子，金和银、钨和钼等合金也属于置换固溶体。

2. 间隙固溶体　溶质原子半径很小（如 C、B、N 等），可以分布在溶剂金属晶格的间隙中，形成间隙固溶体，如图 4-4（b）所示。例如碳溶于 $\gamma-Fe$ 中形成的合金钢。

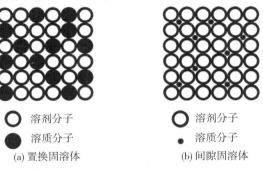

○ 溶剂分子　　　　　　　○ 溶剂分子
● 溶质分子　　　　　　　· 溶质分子
(a) 置换固溶体　　　　　　(b) 间隙固溶体

图 4-4　金属固溶体示意图

金属固溶体各层晶格间的滑移困难，提高了合金抵抗塑性形变的能力，降低了合金的导电性能。

*（二）金属互化物

构成合金的组成物相互作用，形成晶格类型和性能完全不同于任意一种组成物、并具有一定金属性能的**金属互化物**或称**金属化合物**。其特点是形成了新的晶格类型，并且各合金成分的原子数目间有确定的比例关系。也就是说，金属互化物的组成可用化合物化学式给出，但不一定符合化合价规律，例如 $CuZn$、$CuZn_3$、Fe_3C 等。在金属互化物的原子之间可产生各种复杂的价键关系。

> **讨论**
>
> 　　你知道日常生活中的哪些金属制品是合金吗？为什么我们使用的金属材料主要是合金，而不是纯金属？

二、合金的特性

一种金属与其他金属（或非金属）形成合金后，其内部结构发生了变化，性质也随之发生改变。合金的结构和性质与组成它的金属的含量、制备合金时的条件（主要是温度的控制）密切相关。所以除密度外，合金的性质并不是各种组成金属的总和。合金一般都是固体，汞与其他金属的合金有的是液体。

（一）熔点

多数合金的熔点低于组成它的任何一种金属的熔点。例如，铅的熔点是 327.5℃，锡的熔点是 232℃，而铅和锡按 37∶63 质量比熔合成的焊锡，其熔点比铅或锡都低，只有 183℃。铋的熔点是 271℃，镉的熔点是 321℃，而把锡、铋、镉、铅这四种金属按 1∶4∶1∶2 的质量比熔合成的保险丝，其熔点却只有 67℃。

（二）色泽

合金的色泽一般与组成它的金属有关，例如随着铜和镍含量的不同，铜镍合金的色泽从铜的赤红色到镍白色变化，含镍 30% 则呈镍白色。

（三）硬度

合金的硬度一般比各组成金属的硬度都大。例如，纯金和纯银是很软的金属，但与铜形成合金后，增大了硬度，色泽也随它们比例的不同而发生相应的改变。又如，纯铜也较软，但与锌熔合成的黄铜，其硬度比纯铜或纯锌大得多；铜与锡熔合成的青铜，其硬度、强度显著增大。

（四）延性、展性、韧性

合金的延性及展性一般均比组成它的金属为低，而韧性则增高。

（五）导电性和导热性

合金的导电性和导热性一般均比原有金属差，尤以导电性减弱更为明显。这是由于内部结构的改变影响了自由电子的运动。

（六）抗腐蚀性

有些合金不但在物理性质上与组成它的金属有显著差别，而且在化学性质上也有很大不同。纯金属一般不易被腐蚀，合金的腐蚀因其结构及组成的不同而异。在合金中加入一定量的抗腐蚀元素如铬、镍、锰和硅等，可提高合金的抗腐蚀性，比如不锈钢就是在普通钢中加入12%以上的铬（有时还加入少量镍）。口腔修复工艺中用的合金，就要求具有良好的抗腐蚀性能。

三、口腔修复工艺中常用合金简介

（一）18－8铬镍不锈钢

18－8铬镍不锈钢合金是最早应用于口腔医学的金属材料。其主要成分是铁、铬、镍元素，铬含量约占18%，镍含量约占8%，铁含量约占70%，其余是碳、锰、钛、硅等元素。代号18－8是分别指铬和镍的含量。

其中铬是使不锈钢具有高度耐腐蚀性的主要元素，并能增加硬度和强度；镍也是使不锈钢具有耐腐蚀性的元素，还可增加强度而不降低延展性；锰和碳主要起增大硬度和强度的作用；硅能除去高温生成的氧化物，并能防止不锈钢碳化而降低硬度和强度。

18－8铬镍不锈钢化学性质稳定，具有优良的抗腐蚀性，与唾液不发生作用，对人体和组织无毒、无刺激。用它锻制成的不锈钢丝和杆强度大，硬而坚韧，弹性好，不易折断，可在室温下弯制成各种形状。硅含量高（0.8%～2.8%）的18－8铬镍不锈钢，其熔点为1385℃左右，可将其熔化后铸造成各种形状的制品。

由于铬镍不锈钢的价格比较低廉，在口腔修复工艺中，常用18－8铬镍不锈钢制作卡环（见彩图11）及矫治器（见彩图12）的金属部件等。

（二）钴铬合金

钴铬合金中，钴含量在60%～80%以上，铬含量在25%～30%，此外还含有钼及微量的铁、锰、硅和碳。钴铬合金化学性质稳定，抗腐蚀性极强，强度较大，硬度很高，密度较小，熔点较高，有一定弹性。根据钴、铬、钼含量不同，性能也有差异。在口腔修复工艺中，常用来制作支架、卡环、基托（见彩图8）及固定修复体等。

（三）钛合金

主要有镍钛合金、钛基合金。前者含镍较多，后者含钛较多。其特点是耐腐蚀，质量轻，强度大，弹性好，变形后易于复原。钛合金也具有良好的生物相容性。在口腔修复工艺中，几乎所有的义齿都可以用钛合金制造，所以钛合金是目前广泛应用而且很有发展前途的口腔材料，常用来制作冠、嵌体、支架（见彩图13）、固定桥（见彩图14）、种植体（见彩图15）等。

（四）金合金

金合金是以金为主要成分的合金，金含量在75%左右，其他还含有银、铜及少量铂、钯、锌等金属。金合金化学性质稳定，抗腐蚀性很强，不易被氧化而变色变质。由于各组成成分比例不同，金合金有软硬不同的几种类型，但都比纯金硬度大。它们都具有良好的延展性及较高的强度，熔点在850℃～1000℃，有良好的铸造性能，易加工成型。在口腔修复工艺中，金合金可用于制作嵌体、冠、固定桥和活动义齿支架等。

以上合金中，金合金为贵金属合金，其余都是非贵金属合金。在口腔修复工艺中，无论使用哪种合金，都是为了进一步延长修复体和种植体的寿命，提高治疗质量、缩短治疗时间，让患者感觉更加舒适和自然。

知识拓展

金首饰的成色

过去曾用24K表示纯金，但这只能表示理论纯度为100%，因此现已不用24K表示纯金了。目前，金首饰的成色是以首饰中金的最低含量的千分数来计算。例如，999为千足金，990为足金，750为18K金，等等。

讨论

在合金表面烤瓷前，都要求作预氧化处理。即通过加热在金属表面形成金属氧化层，以利于金属和瓷的结合。想一想：①氧化层是哪些金属形成的？②氧化层怎样与瓷结合？③为什么非贵金属合金比贵金属合金容易与瓷结合？

非贵金属在加热时，都能生成金属氧化物，形成氧化层。瓷料中含有 SiO_2，加热时金属氧化物中的氧可以与瓷料中的硅以共价键相结合。贵金属在加热时不能形成氧化层，所以在贵金属合金中加入少量的非贵金属（例如铁、锡、铟和镓等），有利于金属与瓷的结合。

实践活动

请到口腔修复工作室，观察金属及合金的应用。

第六节　金属的腐蚀和防护

知识回顾

1. 电解池是将电能转化为化学能的装置。
2. 电解池的阳极发生氧化反应，阴极发生还原反应。

讨论

你见到过哪些金属器皿使用一段时间后会被腐蚀？

一、金属的腐蚀

金属的腐蚀是指金属或合金与周围接触到的气体或液体发生化学反应而损耗的过程。金属的腐蚀现象非常普遍，例如钢铁在潮湿的空气中生锈，铝制品接触酸、碱或咸的物质后表面会出现白色斑点，铜器时间长了会长出铜绿，等等。金属被腐蚀后，在外形、色泽以及机械性能等方面都会发生变化。

由于与金属接触的介质不同，发生腐蚀的情况也不同，一般可分为化学腐蚀和电化学腐蚀两类。

（一）化学腐蚀

金属与接触到的物质（干燥的气体或非电解质）直接发生化学反应而引起的腐蚀，称为**化学腐蚀**。其特点是金属与介质直接作用生成化合物。如果金属与干燥的气体（O_2、Cl_2 或 H_2S）在高温下可直接作用，在金属表面生成相应化合物如氧化物、氯化物、硫化物等，它们通常形成一层薄膜，膜的性质对金属进一步腐蚀有很大影响。例如，铝的化学性质虽然很活泼，但只遭到轻微的腐蚀，这是由于铝表面上形成的氧化铝薄膜保护了金属铝，使它不再和周围的氧继续作用。而铁的氧化物结构疏松，没有保护内部金属的能力。一般来说，金属硫化物膜的保护性能不如氧化物膜。金属表面的化学腐蚀在常温时进行得比较慢，但在高温时则较显著。一些金属合金义齿中含有易被氧化的金属，在加热较高温度时形成氧化膜，也属于金属的化学腐蚀。

（二）电化学腐蚀

不纯的金属（或合金）与电解质溶液接触时，会发生原电池反应，比较活泼的金属失去电子被氧化，从而引起腐蚀损耗，这种腐蚀叫作**电化学腐蚀**。

1. 原电池

【实验 4－1】　把一块锌片和一块铜片平行地插入盛有稀硫酸的烧杯里，可以看到锌片上有气泡产生，铜片上没有气泡产生（见图 4－5）。在导线中间接入一个电流表，再用导线把锌片和铜片连接起来（见图4-6），观察铜片上有没有气泡产生？观察电流表的指针是否偏转。

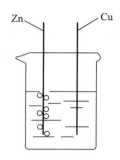
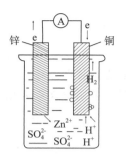

图4-5 金属与酸的反应   图4-6 原电池示意图

实验结果表明，用导线连接后，锌片不断溶解，铜片上有气泡产生。电流表的指针发生偏转，这说明导线中有电流通过。当把用导线连接的铜片和锌片一同浸入稀硫酸时，由于锌比铜活泼，容易失去电子，锌被氧化成Zn^{2+}而进入溶液，电子由锌片通过导线流向铜片，溶液中的H^+从铜片上获得电子被还原成氢原子，氢原子结合成氢分子从铜片上放出。这一变化过程如下：

（−）锌片：$Zn - 2e = Zn^{2+}$ （氧化反应）

（+）铜片：$2H^+ + 2e = H_2\uparrow$ （还原反应）

总反应：$Zn + 2H^+ = Zn^{2+} + H_2\uparrow$ （氧化还原反应）

这个实验充分证明，上述氧化还原反应确实因电子的转移而产生电流。这种**借助氧化还原反应，将化学能转化为电能的装置叫原电池**。在原电池中，电子流出的一极是负极（如锌片），电极被氧化。电子流入的一极是正极（如铜片），H^+在正极上被还原。

在原电池中，失电子能力强（活动性较强、电位低）的物质作为负极，负极向外电路提供电子；得电子能力强（活动性较弱、电位高）的物质作为正极，正极从外电路得到电子；在原电池内部，两极之间填充电解质溶液。放电时，负极上的电子通过导线流向用电器，从正极流回电池，形成电流。

分析上述过程，总结满足原电池的三个条件是：①有一个自发进行的氧化还原反应；②氧化反应（失电子）和还原反应（得电子）分别在两处（两极）进行；③两极之间必须形成闭合回路。

利用原电池的原理，可以制造出具有实用价值的电池。例如手电筒中常用到的锌锰干电池和微型锌汞电池（纽扣电池）等。

思考

1. 分析铁和银、锌和铁构成原电池时的正极、负极。

2. 列表比较原电池的正极、负极反应与电解池的阴极、阳极反应，能量转化及电子流向。

　原电池原理是否对人们都是有益的？如何用原电池原理解释金属的腐蚀？

　　2. 电化学腐蚀　金属的电化学腐蚀过程和原电池的反应过程是相同的。因为常用的金属一般都是不纯的（或合金），当它接触到电解质溶液时，就构成了无数个微小的原电池，其中活泼性较强的金属作为负极被氧化损耗；而活泼性较弱的金属（或其他杂质）作为正极保持不变。例如，钢铁制品在潮湿空气中的生锈现象，就属于电化学腐蚀。

　　钢铁在干燥的空气里长时间不易被腐蚀，但在潮湿的空气里却很快就被腐蚀。因为在潮湿空气里，钢铁表面上凝聚一薄层水膜，水是弱电解质，能解离出少量的 H^+ 和 OH^-。同时，空气里的 O_2、CO_2、SO_2 可以溶于水膜中（像 CO_2 溶解于水中形成 H_2CO_3），从而为钢铁的腐蚀提供了电解质溶液薄膜，它跟钢铁里的铁和少量的碳恰好构成了许多微小的原电池。其中，Fe 是负极，C 是正极。

　　在负极上，Fe 失去电子被氧化成 Fe^{2+}：

$$负极：Fe - 2e === Fe^{2+} \quad （氧化反应）$$

在正极上发生的反应有以下两种情况：

　　①吸氧腐蚀：如果钢铁表面的水膜酸性很弱或者呈中性，在正极上是溶解在水膜里的 O_2 得到电子而被还原，如图 4−7(a) 所示。

$$正极：O_2 + 2H_2O + 4e === 4OH^- \quad （还原反应）$$

　　然后 Fe^{2+} 与 OH^- 结合生成了 $Fe(OH)_2$：

$$Fe^{2+} + 2OH^- === Fe(OH)_2 \downarrow$$

$Fe(OH)_2$ 不稳定，能继续被空气中的氧气氧化为 $Fe(OH)_3$，其脱水产物 Fe_2O_3 是红褐色铁锈的主要成分。钢铁的腐蚀主要是这种腐蚀。

　　②析氢腐蚀：如果水膜的酸性较强（pH 值在 4.3 以下），则正极容易发生下述反应：

$$正极：2H^+ + 2e === H_2 \uparrow \quad （还原反应）$$

　　即 H^+ 得到电子被还原成氢原子，氢原子又结合成氢分子，如图 4−7(b) 所示。这种腐蚀过程有氢气放出，所以称为析氢腐蚀。

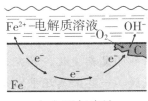
（a）吸氧腐蚀

（b）析氢腐蚀

图 4−7　钢铁电化学腐蚀示意图

　　不论是化学腐蚀还是电化学腐蚀，其本质都是金属原子失去电子变成阳离子的氧化过程。但是电化学腐蚀过程中伴有电流产生，而化学腐蚀却没有。在一般情况下，这两种腐蚀过程往往同时发生，只是电化学腐蚀比化学腐蚀普遍得多，腐蚀的速率也快得多。

思考

1. 化学腐蚀和电化学腐蚀有何异同？
2. 你知道为什么要在轮船的外壳上镶嵌锌片吗？

（三）金属义齿在口腔内的腐蚀

在口腔修复工艺中，要求金属材料有很高的抗腐蚀性，否则会因腐蚀引起金属材料变色、失去光泽而影响美观或者缩短使用寿命，甚至危害人体健康。因此，了解金属义齿在口腔内腐蚀的原因，非常必要。

只要金属暴露于空气中，它的表面就会与空气中的氧或其他物质反应而引起腐蚀，颜色变暗。口腔内金属的腐蚀主要是电化学腐蚀，因为人体口腔内的唾液本身就是一种电解质溶液；同时人们摄取的食物中也可能含有大量的弱酸性、弱碱性和盐类等电解质；并且食物残屑在口腔中分解、发酵也会产生一些有机酸类的物质。所以，口腔内的唾液可成为原电池的电解质溶液。如果处于口腔内的金属义齿再有以下因素，就可能发生电化学腐蚀的现象。

1. 两种不同的金属或者组成不同的合金并存或接触。比如戴在相邻两颗牙上的冠分别是用不同金属材料制作的；或者上下相对的两颗牙是不同的金属或者合金，在咬合过程中相互接触，两牙之间就会形成原电池，活泼金属（或合金）的一方作为负极失去电子，成为正离子进入唾液或体液。这种现象的发生，会让人觉得口腔中有一种金属味。同时，这种微电流的产生还会刺激牙髓引起疼痛。如果两种金属或合金材料的活动性差别愈大，则产生的电流越大，腐蚀就越快，疼痛也会越来越明显。再比如双套冠的内外冠采用不同的金属或合金制作，也会形成原电池，活泼的金属或合金被腐蚀。

*2. 金属义齿表面的裂纹、空隙、铸造缺陷及污染物的覆盖处。比如空气难以进入的卡环固位柄周围；金属表面出现裂纹收缩而产生凹陷或被污染物覆盖。此处金属可作为原电池的负极失去电子而腐蚀。

知识链接

金属义齿的颜色畸变及腐蚀的危害

金属原子失去电子变为阳离子（$M \rightarrow M^{n+} + ne$）后进入唾液，一些金属阳离子又会变成金属；一些金属阳离子会经过一系列的复杂变化，转变为金属氧化物或者氢氧化物沉积于合金表面上，并形成膜。一些金属还很容易与硫化氢（来自含蛋白质的食物）发生反应，形成硫化物等。有些沉积物的颜色较浅，不明显；有些沉积物的颜色较深，例如氧化铜和硫化铜是黑色，氢氧化铜是蓝色。这些物质沉积在贵金属合金表面上时，会形成薄层并闪耀着彩虹般的图案。随着层厚的增加，其颜色会逐渐变暗，因此会引起颜色畸变。

金属义齿在口腔中发生腐蚀时，除了会影响人的味觉、刺激牙髓疼痛、引起金属义齿的颜色畸变之外，还可能引起一些病变（例如口腔黏膜发炎、胃肠病、肾病等），同时还会在工件中产生裂纹或使金属义齿的表面变得粗糙，也有可能使金属义齿合金的性质发生变化，例如强度下降、变脆等。

二、金属的防护

讨论

为什么在普通钢中加入 12% 以上的铬，能制作不锈钢？

金属的腐蚀对人类的影响很大。掌握金属防护的方法，具有十分重要的意义。目前常用的防止金属腐蚀方法有：

1. 改变金属内部组织结构　将金属和某些元素熔合成合金，可以提高金属的抗腐蚀性。例如把铬、镍等加入普通钢中制成不锈钢，就能增强钢铁对各种腐蚀的抵抗力。在钢中加入一定量的铬、硅、铝等元素，则可在钢表面形成氧化铬、氧化硅、氧化铝等氧化膜，这层致密、稳定的氧化膜称为钝化膜，因而可提高钢的耐腐蚀能力。

2. 在金属表面覆盖保护层　在金属表面覆盖致密的保护层，使金属制品与周围物质隔离，从而达到防腐蚀的目的，例如在易腐蚀的金属表面镀上一层耐腐蚀的金属，像钴铬合金或者镍铬合金的表面镀金，钢铁表面镀锌、锡、铬、镍等。

3. 保持金属表面光洁无缺陷　避免不同金属的接触，并保持金属表面光洁，对金属表面进行良好抛光，避免在工件表面上出现空洞等。

 **归纳与整理**

1. 在口腔修复工艺中，把金属分为贵金属和非贵金属两类。

2. 金属晶体：金属离子跟自由电子之间的强烈作用叫金属键，通过金属键形成的晶体，叫金属晶体。

金属具有金属光泽、导电性、导热性、延展性等物理性质；与非金属的反应、与酸的反应、与盐的置换反应等化学性质。

3. 铂族元素化学性质十分稳定。只有钯和铂可以溶于王水。

4. 铜、银和金，金属活泼性依次递减。加热时铜能被氧化，银、金不被氧化。铜可与硝酸、热的浓硫酸发生氧化还原反应，银、金可溶于王水。

5. 铁在潮湿空气中能生锈。与浓硫酸和浓硝酸能钝化，但能溶于稀硝酸。

6. 铬具有较高的抗腐蚀性，其原因是在铬的表面会形成起保护作用的氧化膜。

7. 钛具有生物相容性。常温下钛具有很好的抗腐蚀性，但在高温时，钛的化学性质变得很活泼。

8. 合金是由两种或两种以上的金属（或金属与非金属）熔合而成的具有金属通性的混合物。合金的熔点降低；硬度增大；导电、导热性变差；延展性降低，韧性增高。

9. 原电池：借助氧化还原反应，将化学能转化为电能的装置。负极发生氧化反应；正极发生还原反应。形成原电池的条件：①有一个自发进行的氧化还原反应；②氧化反应和还原反应分别在两极进行；③两极之间必须形成闭合回路。原电池与电解池的比较见表 4 – 5。

表 4 – 5　原电池与电解池的比较

电极名称	原电池		电解池	
电极名称	正极	负极	阳极	阴极
电极反应	还原	氧化	氧化	还原
能量转化	化学能转化为电能		电能转化为化学能	
反应是否自发进行	是		否	

金属的腐蚀指金属或合金与周围接触到的气体或液体发生化学反应而损耗的过程，分为化学腐蚀和电化学腐蚀，二者的本质都是金属原子失去电子变成阳离子的氧化过程。但是电化学腐蚀过程中伴有电流产生，化学腐蚀却没有。

自我检测

一、填空题

1. 在人类已经发现的元素中，金属元素约占_____。

2. 在通常条件下，绝大多数金属单质呈_____态存在，只有_____呈液态存在。

3. 口腔修复工艺中，常把金属分为_____和_____两大类。

4. 石英、刚玉、金刚石、青铜都是很硬的物质，其中属于单质的是_____；属于化合物的是_____；属于合金的是_____；可用作钻头的是_____。

5. 金属有一些共同的物理性质，它们一般具有_____、_____、_____。密度大于 5g/cm³ 的金属叫作_____金属，密度小于 5g/cm³ 的金属叫作_____金属。

6. 金属具有延性是指金属可以_____，展性是指金属可以_____。

7. 金属易导电是因为在_____的作用下，金属晶体中的_____发生_____运动而形成电流。

8. 在化学反应中，金属原子容易_____电子转变成_____，因而发生了_____反应。所以金属常作为_____剂。

9. 多数合金的熔点要比组成它的金属的熔点 ____，硬度一般比组成它的金属
　 _____，延展性一般比组成它的金属_____。

10. 18−8 铬镍不锈钢是在普通钢中加入了_____％的_____及_____％的
　 _____而制成的合金。

11. 原电池是一种_____装置。在原电池中，较活泼的金属发生_____反应，
　 是_____极；活动性较差的金属电极上发生_____反应，是_____极。

12. 在铜锌原电池中，锌为_____极，电极上发生_____反应（氧化或还原）；
　 铜为_____极，电极上发生_____反应。

13. 把铁片和铜片用导线连接后，平行地插到盛有稀硫酸的容器中，可观察到
　 _____片溶解，_____片不溶解，表面有气体放出的是_____片。

14. 金属发生腐蚀时，_____腐蚀比_____腐蚀要普遍得多，二者都是金属原
　 子_____电子被_____腐蚀的过程，它们的区别主要在于是否有_____
　 产生。

15. 铂系元素包括_____、_____、_____、_____、_____、
　 _____六种元素，又把金、银和铂系元素一起称为_____。

16. 铜族元素包括_____、_____、_____三种元素，位于元素周期表的第
　 _____族。

17. 硫化铜为_____色，_____于水，也_____于酸，但_____热的稀硝
　 酸中。

18. 钛有很好的_____性，可用它来制作种植牙，或者代替损坏的骨头。

19. 在陶瓷中，加入 TiO_2 可增强耐_____性。

20. 含铬_____％的钢称为"不锈钢"。

21. 一些金属氧化物可作为玻璃或陶瓷的着色剂，氧化铬会使陶瓷显示
　 _____色。

22. 铁位于元素周期表中第_____周期，第_____族。铁是化学性质比较
　 _____的金属。

二、选择题

1. 过渡元素原子的最外层电子数一般（　　　）
　 A. 多于 4 个　　　B. 少于 4 个　　　C. 只有 1～2 个　　　D. 都有 8 个

2. 下列物质中含有金属键的是（　　　）
　 A. 氧化铜　　　B. 氯化铜　　　C. 硫酸铜　　　D. 铜片

3. 下列说法错误的是（　　　）
　 A. 金属在化学反应中容易失电子
　 B. 金属晶体内存在着自由电子
　 C. 金属导电是物理变化
　 D. 金属导电既有物理变化又有化学变化

4. 下列金属中，延性和展性都最大的是（　　　）

    A. 银   B. 铜   C. 金   D. 铝

5. 下列物质中属于合金的是（　　）

    A. 黄金   B. 白银   C. 钢   D. 水银

6. 下列金属不能用锤击、抽拉方法加工的是（　　）

    A. 铜   B. 锑   C. 铂   D. 锌

7. 钢铁发生腐蚀时，正极上发生的反应为（　　）

    A. $Fe - 2e = Fe^{2+}$ B. $Fe^{2+} + 2e = Fe$

    C. $O_2 + 2H_2O + 4e = 4OH^-$ D. $Fe^{3+} + e = Fe^{2+}$

8. 在铁与硫酸铜溶液的反应中，（　　）

    A. 铁被还原，该反应属于化合反应

    B. 铜被还原，该反应属于分解反应

    C. 铁被氧化，该反应属于置换反应

    D. 铜被氧化，该反应属于复分解反应

9. 把铜片和银片插入硝酸银溶液中，并用导线连接，失电子作为原电池负极的金属是（　　）

    A. Cu   B. Ag   C. 两种都可以   D. 都不能

10. 下列关于铁的化学性质的叙述，正确的是（　　）

    A. 铁的化学性质很不活泼   B. 铁在潮湿的空气中会生锈

    C. 钢铁的腐蚀主要是析氢腐蚀   D. 铁能生成 +2 价、 +4 价的化合物

11. 锇、铱和铂称为重铂系金属，其密度大约为（　　）

    A. $12g/cm^3$ B. $22g/cm^3$

    C. $12 \sim 22g/cm^3$ D. 以上答案均不是

12. 下列有关贵金属的叙述不正确的是（　　）

    A. 化学稳定性很高，都不能置换稀酸中的氢

    B. 铂具有极好的延展性

    C. 贵金属都是银白色

    D. 银的导电性最好

13. 下列关于金属的特点叙述不正确的是（　　）

    A. 具有金属光泽，能导电   B. 最外层电子数较少

    C. 具有延展性   D. 熔点高、硬度大

三、简答题

1. 金属为何具有延展性？

2. 什么是合金？人们为什么要把金属制成合金？举例说明合金有哪些用途。

3. 防止金属腐蚀的方法主要有哪些？

4. 试述贵金属的主要物理、化学性质。

第五章　胶体溶液和高分子化合物溶液

 知识要点

1. 分散系、分散相、分散介质的概念以及三大分散系的特征。
2. 胶体溶液的稳定性和聚沉。
3. 高分子化合物溶液的概念及特点。
4. 凝胶的形成及其性质。
5. 琼脂和藻酸盐在口腔修复工艺中的应用。

口腔修复工艺制作的第一个环节，是在患者的口腔中制取印模，常用的印模材料有藻酸盐和琼脂等。在制取印模的过程中，这些材料发生了哪些物理、化学变化？它们为什么会有这些性质？这是我们在本章要解决的问题。

第一节　分　散　系

 知识回顾

溶液是由溶质和溶剂组成的混合物。溶质可以是固体，也可以是液体或气体。

一种或几种物质被分散成细小的粒子，分布在另一种物质中所形成的体系叫作分散系。其中，被分散的物质叫作**分散质**或**分散相**，容纳分散相的物质叫作**分散剂**或**分散介质**。例如蔗糖水溶液就是蔗糖分子被分散在水中而形成的分散系；生理盐水就是氯化钠的氯离子和钠离子分散在水中而形成的分散系。这里的蔗糖和氯化钠是分散质，水是分散剂。

物质被分散的程度不同，其粒子大小也不同。根据分散质粒子的大小，分散系可分为以下三类（见表 5 - 1 三类分散系的比较）。

一、分子或离子分散系

分散质粒子的直径小于 **1nm** 的分散系称为**分子或离子分散系**。在这类分散系中，分散质粒子实际是单个的分子或离子，由于它们的体积非常小，在分散质与分散剂之间没有界面，也不会阻止光线的通过。因此这类分散系的主要特征是均匀、稳定、透明。

分子或离子分散系通常又叫作**真溶液**，简称**溶液**。在真溶液里，分散质又叫作溶质，分散剂又叫作溶剂。如生理盐水就属于这一类的分散系，分散质氯化钠又叫作溶质，分散剂水又叫作溶剂。

二、胶体分散系

分散质粒子的直径在 **1~100nm** 之间的分散系称为**胶体分散系**，简称**胶体溶液**。这类分散系的分散质粒子是由高分子或由许多小分子聚集而成的**胶粒**，比分子或离子分散系粒子大，因此在分散质与分散剂之间有界面，属于不均匀体系，但仍能让部分光线通过，所以仍是透明的。这类分散系的主要特征是不均匀、相对稳定、外观透明。例如氢氧化铁溶胶、硫化砷溶胶以及蛋白质、淀粉等高分子化合物的溶液。

三、粗分散系

分散质粒子的直径大于 **100nm** 的分散系称为**粗分散系**。这类分散系的分散质粒子是大量分子的聚集体，比胶体粒子更大，因此，在分散质和分散剂之间有明显的界面，属于不均匀体系，能阻止光线的通过，浑浊不透明，也容易受到重力作用而沉降，不稳定。

不溶性的固体小颗粒分散在液体中所形成的粗分散系叫作**悬浊液**，如泥浆水。液体以微小的珠滴分散到与之不相溶的另一种液体里所形成的粗分散系叫作**乳浊液**，如牛奶。

表 5－1　三类分散系的比较

分散系的类型		分散质粒子	粒子直径	分散系特征
分子或离子分散系（真溶液）	溶液	分子或离子	<1nm	透明，很均匀，很稳定
胶体分散系（胶体溶液）	溶胶	由许多分子聚集成的胶粒	1~100nm	透明度不一，不均匀，较稳定
	高分子溶液	单个高分子	1~100nm	透明，均匀，很稳定
粗分散系（浊液）	悬浊液	固体颗粒	>100nm	浑浊，不透明，不均匀，不稳定
	乳浊液	液体小滴		

思考

1. 你能用什么方法制作胶体溶液？
2. 你认为合金属于分散系吗？

第二节　溶胶的稳定性和聚沉

胶体溶液的种类有很多，若按照分散剂物理状态的不同，可分为**气溶胶**、**液溶胶**和**固溶胶**三种。例如粉尘、小水珠等分散在大气中形成的烟或雾，属于气溶胶。有色玻璃、宝石、合金以及珍珠等都属于固溶胶。液溶胶简称溶胶，其分散剂是液体状态的，它是胶体溶液的主要代表。

溶胶的胶粒大小介于分子或离子分散系和粗分散系之间，所以溶胶具有许多特殊的性质。下面主要学习溶胶的稳定性和聚沉。

一、溶胶的稳定性

胶体溶液在相当长的时间内，胶粒不会互相聚集而形成更大的粒子沉降下来。促使溶胶稳定的原因很多，布朗运动是胶体能保持相对稳定的原因之一，但主要原因是胶粒带电和胶粒的溶剂化作用。

（一）布朗运动

在超显微镜下观察胶体溶液时，可以看见胶粒不停地作不规则运动（如图 5 - 1 所示）。产生这种现象的原因，是由于分散剂分子不断从各个方向撞击胶粒，而在每一瞬间胶粒受到的撞击力在各个方向是不同的，因而胶粒产生不断改变方向和速度的布朗运动。

图 5 - 1　布朗运动

（二）胶粒带电

胶体粒子带有电荷是由于胶粒电离或吸附离子作用而引起的。例如硅酸溶胶因胶粒表面电离出 H^+ 后而带负电荷。所谓**吸附**，就是物质从它周围吸引另一物质的分子或离子到它的表面上的过程。例如有些金属氧化物和金属氢氧化物胶粒因吸附阳离子而带正电荷，有些金属硫化物和卤化银的胶粒因吸附阴离子而带负电荷。

在同一种胶体溶液中，因胶粒带有同种电荷，使胶粒与胶粒之间互相排斥，从而阻止了胶粒互相接近而聚集。

（三）胶粒的溶剂化作用

由于吸附在胶粒表面的离子对溶剂分子有吸附力，能将溶剂分子吸附到胶粒表面，形成一层溶剂化膜，从而也阻止了胶粒的互相聚集。

二、溶胶的聚沉

溶胶的稳定性是相对的、暂时的，如果减弱或消除溶胶的稳定因素，胶粒就会逐渐聚集，形成大的粒子而沉降下来。使胶体粒子聚集成大颗粒的过程叫**凝聚**，由凝聚而沉淀析出的过程叫**聚沉**。促使胶体聚沉的主要方法有加入少量电解质、加入带相反电荷的溶胶、加热三种：

（一）加入少量电解质

在溶胶中，加入电解质到某一浓度时（溶胶对电解质十分敏感，一般加入少量电解质就能给胶粒创造吸引带异种电荷离子的条件），原来胶粒所带的电荷就会减少甚至被完全中和，同时溶剂化膜也随之消失或变薄，最终导致胶粒迅速聚集成大的颗粒而沉降。例如在氢氧化铁溶胶中加入一定量的硫酸铵 $[(NH_4)_2SO_4]$ 溶液，就会看到氢氧化铁的红棕色沉淀。

（二）加入带相反电荷的溶胶

两种带相反电荷的溶胶相混合，也能引起溶胶的聚沉，这是由于异电性相吸而造成的。这种聚沉又称为互沉现象。例如将硫化砷溶胶与氢氧化铁溶胶混合，就会立即发生聚沉。聚沉的程度与两种溶胶的比例有关，当两种溶胶的胶粒电性被完全中和时，沉淀最完全。

（三）加热

溶胶具有热不稳定性，很多溶胶在被加热时发生聚沉。因为加热增加了胶粒的运动速度和碰撞机会，同时也降低了胶粒对离子的吸附作用和溶剂化程度，造成胶体聚沉。

思考

请用所学知识解释"在河流入海口处，形成三角洲"的原因。

第三节　高分子化合物溶液

讨论

在日常生活中，你知道哪些物质属于高分子化合物？哪些高分子化合物可溶于水？

高分子化合物简称**高分子**，它是由成千上万个原子键合而成、相对分子质量从几千到几十万甚至上百万的化合物。高分子在自然界中大量存在，例如淀粉、蛋白质、棉麻、丝毛、塑料、橡胶等都是高分子化合物。

高分子溶液是指高分子溶解在适当的溶剂中所形成的溶液，例如淀粉、蛋白质溶液。作为分散质的高分子，其颗粒大小在胶体分散系的范围，但由于其分散质粒子是一个个单个的高分子，这些高分子与分散剂之间没有界面，因而是均匀的、稳定的溶液。高分子溶液虽然在本质上是溶液，但它又不同于小分子构成的真溶液，某些性质又与溶胶类似，此外高分子溶液还具有一些特点。

一、高分子溶液的特性

(一) 稳定性高

在无菌及溶剂不蒸发的情况下，高分子溶液可以长期放置而不沉淀析出。高分子溶液比溶胶稳定，与真溶液相似。这是因为高分子化合物具有许多亲水基团，在每个高分子的周围能形成一层牢固的溶剂化膜，这层溶剂化膜比溶胶粒子的溶剂化膜紧密且厚度大，因而它的溶液比溶胶稳定。

(二) 黏度大

高分子化合物溶液的黏度较大。真溶液、溶胶的黏度与纯溶剂相近，而高分子溶液的黏度与纯溶剂的黏度相差较大，如蛋白质溶液和淀粉溶液都有很大的黏度。这是因为高分子化合物大多为长链状分子，容易相互缠绕，使溶液黏度增大。

二、凝胶

(一) 凝胶的形成

在适当条件（如某种温度时使黏度增大到一定程度）下，高分子化合物溶液和某些胶体溶液整个体系可以形成一种不能流动的、有弹性的半固体，称为凝胶。液体含量多的（常在 90% 以上）凝胶叫胶冻或冻胶，如血块、豆腐、肉冻等；液体含量少的凝胶叫干凝胶或干胶，如明胶、指甲、毛发等。

形成凝胶的原因：高分子化合物或溶胶粒子在适当条件下能相互连接起来形成立体网状结构，并把分散剂固定在网眼中使其不能流动，因此形成了半固体的凝胶。可见凝胶是胶体的一种存在形式。

凝胶在人体组成中占有重要的地位，肌肉、脑髓、细胞膜、指甲等都是凝胶，人体中占体重 2/3 的水，基本上都保存在凝胶里。

实践活动

自己动手，用红薯或土豆淀粉制作凉粉。

(二) 凝胶的性质

1. 弹性　各种凝胶在冻胶状态时（溶剂含量多的凝胶叫冻），弹性大致相同，但干燥后就显出很大差别。一类凝胶在烘干后体积缩小很多，但仍保持弹性，叫作**弹性凝胶**。例如肌肉、皮肤、指甲、毛发以及其他高分子溶液所形成的凝胶，是由柔顺性大的线型高分子所形成的凝胶，都是弹性凝胶。口腔修复工艺中的琼脂、藻酸盐凝胶，也属于弹性凝胶。另一类凝胶烘干后体积缩小不多，但失去弹性，变脆，易磨碎，叫作**脆性**

凝胶。像氢氧化铝、硅酸等溶胶所形成的凝胶，粒子间交联强，网状结构坚固，不易伸缩，则属于脆性凝胶。

2. 膨润（溶胀） 干燥的弹性凝胶放入适当的溶剂中，会自动吸收液体而膨胀，体积增大，这个过程叫**膨润**或**溶胀**。有的弹性凝胶膨润到一定程度，体积就不再增大，称为**有限膨润**。例如橡胶在苯中的膨润，木柴在水中的膨润，就是有限膨润。有的弹性凝胶能无限地吸收溶剂，最后形成溶液，称为**无限膨润**。例如琼脂形成的凝胶在水中的膨润，就是无限膨润。脆性凝胶不能膨润，像硅酸盐包埋材料形成的凝胶就不能膨润。

3. 离浆（脱液收缩） 新制备的凝胶放置一段时间后，一部分液体可以自动而缓慢地从凝胶中分离出来，凝胶本身体积缩小，这种现象叫作**离浆**或**脱液收缩**，如图5－2所示。新鲜血块放置后会分离出血清；淀粉糊放置后会分离出液体，都是凝胶的离浆现象。

离浆实质上是高分子之间继续交联的结果，即组成网状结构的大分子之间的连结点继续发展增多，使网架更紧密、牢固，结果使液体从网状结构中挤出。离浆出的液体是溶液而不是溶剂，因而离浆并不是膨润的逆过程。

(a) 离浆前的冻胶   (b) 由于离浆的结果，冻胶分成两组

图5－2 离浆现象

思考

1. 在日常生活中，你见到过哪些凝胶的膨润和离浆现象？
2. 你认为凝胶有可能转化为胶体溶液吗？

三、口腔修复工艺中常用的凝胶

在口腔修复工艺中，涉及凝胶的例子很多，琼脂和藻酸盐凝胶是印模材料中常用到的凝胶。

（一）琼脂

琼脂又叫**琼胶**，是一种半乳聚糖硫酸酯类，属于天然高分子多糖物质，可以从海藻中提取。琼脂为白色或淡黄色鳞片状粉末。琼脂无臭，味淡，不溶于冷水，但能慢慢吸水，膨润软化，可以吸收20多倍的水。易分散于沸水中形成溶胶。

【实验5-1】称取 0.5g 琼脂粉，溶于 15~20mL 水中，加热 5 分钟，冷却，观察现象。

通过实验发现，琼脂溶于热水中，形成透明的胶体溶液，冷却后变为具有弹性的凝胶。

【实验5-2】将实验 5-1 得到的琼脂凝胶加热至 60℃~70℃，注意观察凝胶的变化。然后冷却到 36℃~40℃，再注意观察变化。

通过实验发现，琼脂凝胶在加热到 60℃~70℃时慢慢转化为溶胶。然后冷却到 36℃~40℃时，琼脂溶胶又转化为凝胶。通常把溶胶转化为凝胶的过程称为**胶凝**。变化发生时的温度，称为**胶凝温度**。

琼脂凝胶和溶胶两者之间在不同的温度时，溶解度不同，可以相互转化。其原因是温度降低，分子运动速率减慢，琼脂溶质的溶解度减小，分子彼此靠近。由于琼脂大分子链很长，在互相接近时，一个大分子链与另一个大分子链同时在几个地方形成结合点，发生交联成为网状骨架，此时溶剂分子被包围在网状间隙之中不能自由流动。这样随着温度的降低使溶胶状态的琼脂黏度逐渐变大，最后失去流动性，形成冻状的弹性半固体，称为琼脂凝胶。凝胶中溶剂的量可多可少，琼脂凝胶中水的含量可以达到 80% 左右。

纯净的琼脂凝胶很脆，不能抵抗制取印模和灌注模型时的应力，在其中加入高岭土、硼砂等一些填料，可以增加琼脂印模材料的强度。

思考

琼脂凝胶和溶胶之间的转化，是物理变化还是化学变化？

讨论

琼脂印模材料为什么是水胶体，且具有弹性？为什么可以重复使用？

琼脂胶体中的分散剂是水，所以形成的凝胶为水胶体凝胶。凝胶都具有弹性。在口腔修复工艺中，琼脂作为一种可逆性的、弹性水胶体印模材料，是利用了琼脂凝胶和溶胶之间的相互转化，所以可以重复使用。

讨论

临床上制取的琼脂印模，必须在 10~20 分钟内进行灌注，为什么？

由于凝胶有膨润和离浆的性质，所以琼脂印模放入水中就会膨胀，否则就会收缩。为了获得尺寸准确的模型，制取琼脂印模后必须在 10~20 分钟内进行灌注。

琼脂印模材料主要用于模型复制

　　琼脂印模材料的胶凝温度也是介于 36℃～40℃，温度越低胶凝越快。凝胶转变成溶胶的温度为 60℃～70℃。通常在琼脂溶胶接近胶凝温度（一般到52℃～55℃）时，注入复模盒内。当材料凝固后及时取出需复制的模型，再加热到 60℃～70℃将琼脂凝胶转化为溶胶，开始灌注第二副模型。

（二）藻酸盐

　　海藻属于海带科，藻酸是一种酸性的胶质多糖，属于高分子化合物。藻酸盐是藻酸的盐类，藻酸钠和藻酸钾能溶于水，并呈溶胶状态。藻酸钙不溶于水。

讨论

　　藻酸盐印模材料为什么不可逆、不能重复使用？

　　在口腔修复工艺中，藻酸盐作为一种不可逆的、水胶体弹性印模材料，常用的有藻酸钠和藻酸钾印模材料。其凝固原理是藻酸钠或藻酸钾溶胶与硫酸钙（石膏粉）发生反应，生成不溶性的藻酸钙，使溶胶变成凝胶。其反应方程式如下：

$$2NaAlg + CaSO_4 = Na_2SO_4 + Ca(Alg)_2（凝胶）$$

　　由于藻酸钙凝胶是发生化学反应的产物，所以这种印模材料是一种不可逆的印模材料，不能重复使用。

　　同样由于凝胶的膨润和离浆性质，制取藻酸盐印模后也应在 10～20 分钟内进行灌注。

思考

　　藻酸盐印模材料的凝固是化学变化还是物理变化？

实践活动

　　请到口腔修复工作室，观察琼脂和藻酸盐的应用。

 归纳与整理

　　1. 分散系：一种或几种物质被分散成细小粒子，分布在另一种物质中所形成的体系；被分散的物质叫分散质或分散相；容纳分散质的物质叫分散剂或分散介质。

分散系分为：分子或离子分散系（粒子直径小于1nm）；胶体分散系（粒子直径在 1～100nm 之间）；粗分散系（粒子直径大于 100nm）。

2. 溶胶稳定的主要原因有：胶粒带电和胶粒的溶剂化作用。胶粒带电的原因：胶粒的电离或吸附作用。促使胶体聚沉的方法有：①加入少量电解质；②加入带相反电荷的溶胶；③加热。

3. 凝胶：在适当条件下，高分子溶液和某些胶体溶液整个体系可以形成一种不能流动的、有弹性的半固体。凝胶的性质有：弹性、膨润、离浆。

琼脂作为一种可逆性的、水胶体弹性印模材料，是利用琼脂凝胶和溶胶之间的相互转化；藻酸盐为不可逆的印模材料，是藻酸钠或藻酸钾溶胶与硫酸钙反应，生成不溶性的藻酸钙凝胶。

自我检测

一、填空题

1. 分散质的粒子直径在_____的分散系叫作胶体分散系。胶体溶液比较稳定的主要原因是_____和_____。

2. 三氧化二铝溶胶胶粒因吸附离子而带_____电荷。

3. 硅酸溶胶的胶粒因_____而带_____电荷。

4. 与溶胶相比，高分子化合物溶液具有_____和_____等特性。

5. 高分子溶液的稳定性比溶胶的_____，其原因是_____。

6. 在适当条件下，高分子溶液和某些胶体溶液整个体系形成一种不能流动的、_____的半固体，称为_____。

7. 干燥的弹性凝胶放入适当的溶剂中，会自动吸收液体而膨胀，体积增大，这个过程叫_____。

8. 琼脂凝胶和溶胶之间的转化，是_____变化；藻酸盐印模材料的凝固原理是_____。

二、选择题

1. 泥浆水属于（　　）

　　A. 真溶液　　　　　B. 溶胶　　　　　　C. 悬浊液　　　　　　D. 乳浊液

2. 胶体分散系区别于其他分散系的本质特点是（　　）

　　A. 胶粒带电　　　　　　　　　　B. 比较稳定

　　C. 胶粒直径在 1～100nm 之间　　D. 能发生电泳现象

3. 加入下列物质不能促进硅酸溶胶聚沉的是（　　）

　　A. 少量硫酸铵溶液　　　　　　　B. 水

　　C. 氯化钠溶液　　　　　　　　　D. 氢氧化铁溶胶

4. 将琼脂溶于热水中配成的溶液，冷却后可形成（　　）

    A. 真溶液   B. 凝胶   C. 悬浊液   D. 乳浊液

5. 将木材放入水中，会发生（   ）现象

    A. 有限膨润   B. 无限膨润   C. 离浆   D. 溶解

6. 琼脂凝胶放入水中，会发生（   ）现象

    A. 有限膨润   B. 无限膨润   C. 离浆   D. 不能膨润

三、简答题

1. 凝胶的性质有哪些？试用凝胶的性质解释淀粉糊放置后分离出液体的原因。

2. 简述琼脂凝胶与溶胶之间相互转化的原因。

3. 试分析在口腔修复工艺中，所得到的琼脂和藻酸盐印模为何要在 10 ~ 20 分钟之内进行灌注？

第六章　烃

 知识要点

1. 有机化合物的概念、特性及结构特点。
2. 烷烃和烯烃的结构、同系物、通式及其命名。
3. 烯烃的加成反应和聚合反应。
4. 炔烃的结构、通式和二烯烃的化学性质。
5. 苯及其同系物的结构和命名。

有机化合物与人类的关系非常密切，在人们的衣食住行、医疗卫生和工业生产及科学技术领域都起着重要的作用。同样在口腔修复工艺中的应用也非常广泛。比如酒精、天然气以及制作义齿基托的塑料、制取印模的硅橡胶等都是有机化合物。那么，什么是有机化合物？属于有机化合物的塑料与金属、陶瓷有什么本质区别？要解答这些问题，首先学习有机物的基本知识。

第一节　有机化合物概述

知识回顾

1. 分子式：用元素符号表示物质（单质、化合物）分子组成的式子。
2. 电子式：在元素符号周围用·或×表示原子的最外层电子，相应的式子叫作电子式。
3. 共价键：原子间通过共用电子对所形成的化学键。

一、有机化合物的概念

有机化合物种类繁多，数以千万计，都含有碳元素，绝大多数还含有氢元素。由于有机化合物分子中的氢原子可以被其他原子或原子团所替代，从而衍变出许多其他有机化合物，所以把**碳氢化合物（烃）及其衍生物称为有机化合物，简称有机物**。研究有机化合物的化学称为有机化学。

对于一些简单的含碳化合物，如一氧化碳、二氧化碳、碳酸盐等，由于它们的结构和性质跟无机物相似，通常把它们归为无机物。

二、有机化合物的特性

由于有机化合物分子中都含有碳元素，碳原子的特殊结构导致了有机化合物和无机化合物相比，具有下列一些特性。

（一）可燃性

绝大多数有机化合物都可以燃烧，如棉花、木材、汽油、酒精、天然气等。大部分无机物则不能燃烧。

（二）熔点低

有机化合物的熔点都较低，一般不超过400℃，常温下多数有机化合物为易挥发的气体、液体或低熔点固体。无机物的熔点较高，例如氧化铝的熔点高达2050℃。

（三）溶解性

绝大多数有机化合物难溶于水，而易溶于有机溶剂。有机溶剂是指能作为溶剂的有机化合物，如酒精、汽油等。无机化合物则相反，大多易溶于水，难溶于有机溶剂。

（四）反应速率比较慢

多数有机化合物之间的反应速率较慢，有的反应需几小时、几天，甚至更长的时间才能完成。因此常采用加热、光照或催化剂等加速反应的进行。

（五）反应产物复杂

多数有机化合物之间的反应，常伴有副反应发生，所以反应后的产物常常是混合物。而无机物之间的反应，一般很少有副反应发生。

思考

H_2CO_3和CH_4是有机化合物还是无机化合物？

三、有机化合物的结构特点

有机化合物中的原子，绝大多数以共价键相结合，每种元素的原子表现出它特有的化合价。如碳原子显4价，氧原子显2价，氢原子显1价等。

（一）碳原子的结构特点

有机化合物的结构特点，主要是由碳原子的结构特点决定的。

碳元素位于周期表中的第二周期、第ⅣA族，原子结构示意图为 (+6) 2 4 ，最外电子层有 4 个电子。在化学反应中，既不容易失去电子，也不容易得到电子，因此碳原子易与其他原子共用 4 对电子形成 4 个共价键。

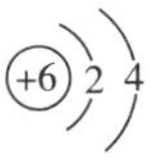

例如，甲烷的分子式为 CH_4，电子式为：

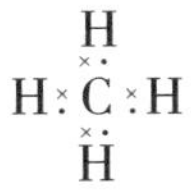

$$
\begin{array}{c}
H \\
H : \overset{..}{\underset{..}{C}} : H \\
\ddot{H}
\end{array}
$$

如果把电子式中的共用电子对改用短线表示，可写为：

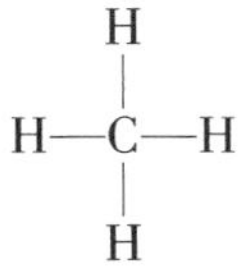

$$
\begin{array}{c}
H \\
| \\
H—C—H \\
| \\
H
\end{array}
$$

这样的式子不仅表示了有机物分子中原子的种类和数目，而且表示了原子之间的连接顺序和方式。这种**能表示有机化合物分子中原子之间连接顺序和方式的化学式**，称为**结构式**。

（二）碳碳键的类型

有机化合物中，碳原子不仅能与氢原子或其他元素的原子相结合，而且碳原子之间也可以通过共价键相结合。

两个碳原子之间共用一对电子形成的共价键称为碳碳**单键**；两个碳原子之间共用两对电子形成的共价键称为碳碳**双键**；两个碳原子之间共用三对电子形成的共价键称为碳碳**叁键**。碳原子之间的单键、双键和叁键可表示如下：

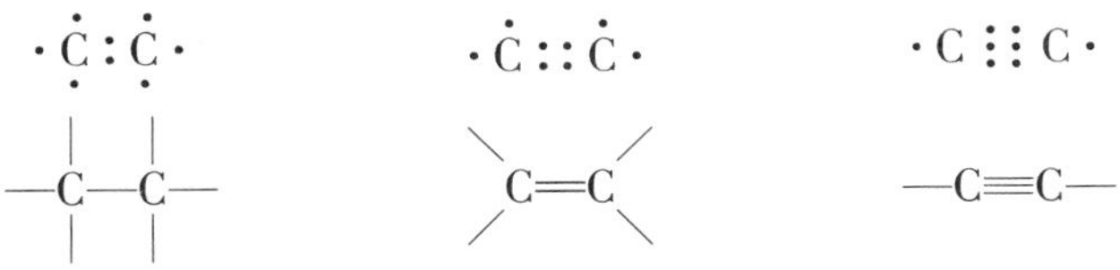

碳原子之间还可以相互连接形成长短不一的链状和各种不同的环状，构成有机化合物的基本骨架。例如：

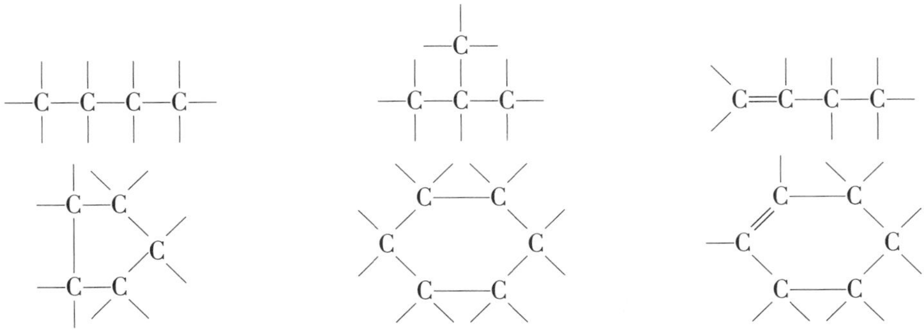

综上所述，可以看出：有机化合物中的碳原子结合能力很强，既可形成单键，也可形成双键或叁键；既可形成开放的碳链，又可形成闭合的环状碳链。这种结构上的特点，是造成有机化合物种类繁多的原因之一。

对于含碳原子数较多的有机物，完全展开来写结构式是困难的。为了方便起见，常用**结构简式**来表示。例如：

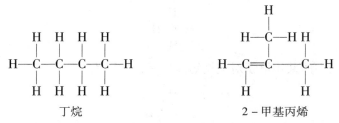

丁烷   2 – 甲基丙烯

丁烷和 2 – 甲基丙烯的结构简式分别为：

$$CH_3—CH_2—CH_2—CH_3 \qquad\qquad \begin{array}{c} CH_3 \\ | \\ CH_2=C—CH_3 \end{array}$$

丁烷   2 – 甲基丙烯

思考

比较分子式、电子式和结构式的区别。

第二节 烷 烃

有机化合物可分为**烃**和**烃的衍生物**两大类。

只由碳和氢两种元素组成的化合物，称为**碳氢化合物**，简称**烃**。根据烃的结构和性质不同，烃可分为烷烃、烯烃、炔烃、芳香烃等。

一、烷烃的结构

在碳氢化合物中，碳原子之间都以碳碳单键结合成链状，碳原子的其余价键全部与氢原子相结合。这样的烃叫作**饱和链烃**，又叫**烷烃**。

最简单的烷烃是甲烷。甲烷的分子式是 CH_4，其电子式和结构式如下：

$$\begin{array}{c} H \\ \overset{..}{H{\times}C{\times}H} \\ H \end{array} \qquad\qquad \begin{array}{c} H \\ | \\ H—C—H \\ | \\ H \end{array}$$

二、烷烃的同系物及通式

烷烃分子中的碳原子数有多有少，有 1 个碳原子的烷烃，也有数十个以上碳原子的烷烃。例如：

$$\left.\begin{array}{ll} \text{甲烷} & CH_4 \\ \text{乙烷} & CH_3\text{—}CH_3 \\ \text{丙烷} & CH_3\text{—}CH_2\text{—}CH_3 \\ \text{丁烷} & CH_3\text{—}CH_2\text{—}CH_2\text{—}CH_3 \end{array}\right\} CH_2$$

比较这些烷烃可以看出，它们在分子组成上都相差 1 个或几个 CH_2 原子团。在有机化合物中，把结构相似、在分子组成上相差 1 个或几个 CH_2 原子团的一系列化合物称为**同系列**。同系列中的化合物互为**同系物**。

烷烃分子随着碳原子数的增加，碳链增长，氢原子数也随之增多。如果碳原子数目是 n，则氢原子数目是 $2n+2$，所以烷烃的组成**通式**可用 C_nH_{2n+2} 表示。例如二十烷的分子式为 $C_{20}H_{42}$。

同系物化学性质相似，物理性质则随着碳原子数的增加呈现出有规律的变化。因此，在同系物中只要深入研究一个或几个化合物，就可以推测出其他同系物的性质。

> **思考**
>
> 含有 20 个氢原子的烷烃分子中有多少个碳原子？

三、烷烃的命名（系统命名法）

（一）直链烷烃的命名

直链烷烃的系统命名原则为：碳原子数在 10 个以内的，用天干（即甲、乙、丙、丁、戊、己、庚、辛、壬、癸）分别来表示，碳原子数在 10 个以上的，就用中文数字来表示，后面加"烷"字。例如：

$$CH_3CH_3 \qquad\qquad CH_3CH_2CH_2CH_3$$
乙烷 丁烷

$$CH_3(CH_2)_4CH_3 \qquad\qquad CH_3(CH_2)_{14}CH_3$$
己烷 十六烷

烷烃分子中去掉一个氢原子后所剩下的原子团称为**烷基**，常用"R—"表示。它的通式为 C_nH_{2n+1}—。简单烷基的命名是把与它相对应的烷烃名称中的"烷"字改为"基"字。例如：

CH_4　甲烷　　　　　　　　　　CH_3—　甲基
CH_3—CH_3　乙烷　　　　　　　　CH_3—CH_2—　乙基
CH_3—CH_2—CH_3丙烷　　　　　　CH_3—CH_2—CH_2—　正丙基（丙基）
　　　　　　　　　　　　　　　　　CH_3—CH—CH_3　异丙基
　　　　　　　　　　　　　　　　　　　　　|

（二）支链烷烃的命名

带支链烷烃的命名可按下列步骤进行：

1. 选择含碳原子数最多的碳链作为主链，按主链所含碳原子数称为"某烷"。

2. 把支链作为取代基，从靠近取代基的一端开始用阿拉伯数字给主链碳原子依次编号，确定取代基的位置。

3. 把取代基的名称写在"某烷"前面，把取代基的位置编号写在取代基名称和数目的前面，中间用短线隔开。

4. 把相同的取代基合并起来，用汉字二、三等数字表示相同取代基的数目，表示相同取代基位置的几个阿拉伯数字之间用","号隔开；若几个取代基不同，应把简单的写在前面，复杂的写在后面，中间再用短线隔开。例如：

$$\overset{1}{C}H_3-\overset{2}{C}H-\overset{3}{C}H_3-\overset{4}{C}H_3$$
$$\quad\quad\ |$$
$$\quad\quad CH_3$$

2 - 甲基丁烷

$$\overset{1}{C}H_3-\overset{2}{C}H-\overset{3}{C}H-\overset{4}{C}H_2-\overset{5}{C}H_3$$
$$\quad\quad\ |\quad\ \ |$$
$$\quad\quad CH_3\ CH_3$$

2，3 - 二甲基戊烷

$$\quad\quad\quad\quad\quad CH_3$$
$$\quad\quad\quad\quad\quad\ |$$
$$\overset{6}{C}H_3-\overset{5}{C}H_2-\overset{4}{C}H_2-\overset{3}{C}H-\overset{2}{C}H-\overset{1}{C}H_3$$
$$\quad\quad\quad\quad\quad\quad |$$
$$\quad\quad\quad\quad\quad\quad CH_2$$
$$\quad\quad\quad\quad\quad\quad\ |$$
$$\quad\quad\quad\quad\quad\quad CH_3$$

2 - 甲基 - 3 - 乙基己烷

$$\quad\quad\quad CH_3$$
$$\quad\quad\quad\ |$$
$$\overset{1}{C}H_3-\overset{2}{C}-\overset{3}{C}H_2-\overset{4}{C}H_3$$
$$\quad\quad\quad\ |$$
$$\quad\quad\quad CH_3$$

2，2 - 二甲基丁烷

思考

写出 2 - 甲基戊烷的结构式。

四、烷烃的物理性质

几种烷烃同系物的一些重要的物理性质列于表 6 - 1 中。

表 6 - 1　几种烷烃的物理性质

名称	分子式	结构简式	常温下状态	熔点（℃）	沸点（℃）
甲烷	CH_4	CH_4	气	-182.5	-164
乙烷	C_2H_6	CH_3CH_3	气	-183.3	-88.6
丙烷	C_3H_8	$CH_3CH_2CH_3$	气	-189.7	-42.1
丁烷	C_4H_{10}	$CH_3(CH_2)_2CH_3$	气	-138.4	-0.5
戊烷	C_5H_{12}	$CH_3(CH_2)_3CH_3$	液	-129.7	36.1
庚烷	C_7H_{16}	$CH_3(CH_2)_5CH_3$	液	-90.61	98.4
癸烷	$C_{10}H_{22}$	$CH_3(CH_2)_8CH_3$	液	-29.7	174.1
十七烷	$C_{17}H_{36}$	$CH_3(CH_2)_{15}CH_3$	固	22	301.8
二十四烷	$C_{24}H_{50}$	$CH_3(CH_2)_{22}CH_3$	固	54	391.3

在烷烃的同系物中，随着碳原子数的增加，物理性质呈现出规律性的变化。在常温常压下，含 1～4 个碳原子的直链烷烃为气体，含 5～16 个碳原子的直链烷烃为液体，含 17 个以上碳原子的直链烷烃为固体。直链烷烃的熔点和沸点都随着碳原子数的增加而升高。烷烃都难溶于水，易溶于乙醇、乙醚等有机溶剂。

五、烷烃的化学性质

可燃性：由于烷烃的分子中各个原子间都以比较牢固的共价单键相结合，因而烷烃的化学性质比较稳定，通常不与强酸、强碱、强氧化剂作用。但烷烃可在空气中燃烧，生成二氧化碳和水。例如，纯净的甲烷在空气中能安静地燃烧，发出淡蓝色火焰，同时放出大量的热。

$$CH_4 + 2O_2 \xrightarrow{\text{点然}} CO_2 + 2H_2O（液）+ 889.5kJ$$

六、常见的烷烃

（一）甲烷

甲烷是无色、无味的气体，比空气轻，难溶于水。在标准状况下，甲烷的密度为 0.717g/L，约是空气密度的一半。

甲烷是天然气的主要成分。天然气主要来源于石油，在天然气中甲烷的体积含量占到 80%～90%，有 4% 左右的气体为乙烷、丙烷、丁烷等，另外还有极少量的氮气和二氧化碳气体。由于天然气呈气态，因此用管道系统输送最为经济。天然气的燃烧热很高，可用于燃气灶、燃气热水器等。在技工室模铸技术中，用于预热炉或加热炉等。

甲烷也是沼气的主要成分。煤田中也含有甲烷，在采煤时泄露出来的甲烷与空气形成高爆炸性的混合物，称为**矿井瓦斯**。甲烷是一种很好的气体燃料。但是必须注意，如果点燃甲烷与氧气或空气的混合物，会发生爆炸（甲烷在空气中的爆炸极限是含甲烷的体积分数为 5%～15%）。因此，在煤矿的矿井里，必须采取安全措施，如严禁烟火、注意通风等，以防止"瓦斯"爆炸事故的发生。

（二）液化气

液化气主要来源于石油的分馏。液化气是丙烷、丁烷、丙烯、丁烯等的混合物，此外，还有少量硫化氢。丙烷的体积含量占到 90% 以上。在常温常压下，丙烷呈气态。由于丙烷容易被液化，因此人们称其为**"液化气"**或**"石油液化气"**。液化气是通过降温和加压压缩到耐压钢瓶中的，钢瓶中的压强约是大气压强的 7～8 倍。液化气的用途类似于天然气。由于液化气的燃烧热比天然气高，所以在口腔修复工艺中，液化气常用于焊接上。

可燃性气体在空气中达到一定比例时，遇到明火都会引起燃烧，甚至爆炸，因此在生产和使用可燃气时都一定要防止漏气，注意安全。

（三）凡士林

凡士林学名石油脂，是含有 18 ~ 22 个碳原子的液态烷烃和固态烷烃的混合物，白色至黄色透明半固体软膏。不溶于水，能溶于乙醚、氯仿、汽油及苯等有机溶剂。具有良好的化学稳定性，在医药上用作软膏基质、皮肤的润滑保湿剂，在口腔工艺中可用作模型隔离剂。

（四）石蜡

石蜡主要来源于石油的分馏。石蜡中含有大量烷烃，石蜡有**液体石蜡**和**固体石蜡**。液体石蜡的主要成分是含有 20 ~ 24 个碳原子的烷烃，为无色透明的液体，不溶于水和乙醇，能溶于乙醚和氯仿中。固体石蜡的主要成分是含有 25 ~ 34 个碳原子的烷烃，为白色的蜡状固体，是制造蜡烛的原料。液体石蜡在口腔修复工艺中可以作为蜡型和模型的分离剂，石蜡还可以与蜂蜡、虫蜡等动植物蜡混合制作蜡型。

思考

1. 写出含 25 个碳原子的石蜡分子式。
2. 你能列举出日常生活中使用天然气的实例吗？

第三节　烯烃和炔烃

分子中含有碳碳双键或碳碳叁键的链烃，碳原子所结合的氢原子数少于饱和链烃里的氢原子数，这样的烃叫作**不饱和链烃**。不饱和链烃又分为烯烃和炔烃。

一、烯烃

（一）烯烃的结构

分子中含有碳碳双键（ $\diagdown C=C \diagup$ ）的不饱和链烃，叫作**烯烃**。由于烯烃分子中双键的存在，使得烯烃分子比相同碳原子数的烷烃分子少 2 个氢原子，所以烯烃的分子组成通式是 C_nH_{2n}。

乙烯是最简单的烯烃，其分子式为 C_2H_4，电子式和结构式如下：

$$H \overset{\times}{\underset{\times}{C}} :: \overset{\times}{\underset{\times}{C}} H \qquad H-\overset{|}{\underset{|}{C}}=\overset{|}{\underset{|}{C}}-H$$

从乙烯的结构式可以看出，乙烯分子中含有碳碳双键。实验证明，乙烯分子中的碳碳双键，并不等于两个单键的加和，其中一个键结合比较牢固，为 σ 键，另一个键较易断裂，为 π 键。由于 π 键的存在，烯烃的化学性质比较活泼，容易发生化学反应。

烯烃中除乙烯外，还有丙烯、丁烯、戊烯等一系列化合物，它们同烷烃一样，在组成上也是相差一个或几个 CH_2 原子团，都是烯烃的同系物。几种烯烃的物理性质列于表 6–2 中。

表 6–2　几种烯烃的物理性质

名称	分子式	结构简式	常温下状态	熔点（℃）	沸点（℃）
乙烯	C_2H_4	$CH_2{=}CH_2$	气态	-169	-103.7
丙烯	C_3H_6	$CH_2{=}CHCH_3$	气态	-185.2	-47.4
1–丁烯	C_4H_8	$CH_2{=}CHCH_2CH_3$	气态	-185.3	-6.3
1–戊烯	C_5H_{10}	$CH_2{=}CH(CH_2)_2CH_3$	液态	-138	30
1–庚烯	C_7H_{14}	$CH_2{=}CH(CH_2)_4CH_3$	液态	-119	93.6

从上表中可以看出，烯烃的物理性质一般也随碳原子数目的增加而发生递变。

思考

烯烃的分子组成为什么比相应的烷烃少两个氢原子？

（二）烯烃的命名

烯烃的命名与烷烃相似，所不同的是要指出双键在碳链上的位置。命名步骤如下：

1. 选出分子中包括双键在内的最长碳链作为主链，按主链碳原子数称为"某烯"。

2. 从离双键最近的一端给主链碳原子依次编号定位。双键的位次编号写在"某烯"前面，中间用短线隔开。

3. 把取代基的位置、数目和名称写在双键位置的前面。例如：

$$\overset{1}{C}H_3-\overset{2}{C}=\overset{3}{C}H-\overset{4}{C}H_2-\overset{5}{C}H_3 \qquad \overset{5}{C}H_3-\overset{4}{C}H_2-\overset{3}{C}H-\overset{2}{C}=\overset{1}{C}H_2$$

2–甲基–2–戊烯　　　　　　　2，3–二甲基–1–戊烯

思考

写出 3–甲基–2–己烯的结构式。

（三）烯烃的化学性质

1. 可燃性　烯烃与烷烃一样，能在空气中燃烧，生成二氧化碳和水。例如：

$$CH_2{=}CH_2 + 3O_2 \xrightarrow{\text{点燃}} 2CO_2 + 2H_2O$$

2. 加成反应　烯烃的分子中都含有碳碳双键，因而它们的化学性质都比较活泼，容易发生加成反应。**加成反应**是指有机化合物分子中双键上的 π 键断裂加入其他原子或原子团的反应。

在催化剂（铂或镍）的存在下，烯烃可以与氢气发生加成反应，例如：

$$CH_2\!=\!CH_2 + H_2 \xrightarrow{\text{铂}} CH_3\!-\!CH_3$$
乙烯　　　　　　　　乙烷

在催化剂的存在下，烯烃可以与水发生加成反应，例如：

$$CH_2\!=\!CH_2 + H\!-\!OH \xrightarrow[\text{高温　高压}]{H_3PO_4/\text{硅藻土}} CH_3\!-\!CH_2\!-\!OH$$
乙烯　　　　　水　　　　　　　　　　　乙醇

思考

写出 $CH_2\!=\!CHCH_3$ 与 H_2 的加成反应方程式。

3. 聚合反应

（1）聚合反应的概念　在一定条件下，乙烯分子中的 π 键断裂，分子间通过碳原子的相互结合形成很长的碳链，生成大分子：

$$CH_2\!=\!CH_2 + CH_2\!=\!CH_2 + CH_2\!=\!CH_2 + \cdots\cdots$$
$$\longrightarrow \sim CH_2\!-\!CH_2\!-\!CH_2\!-\!CH_2\!-\!CH_2\!-\!CH_2 \sim$$

这个反应还可以用下式表示：

$$nCH_2\!=\!CH_2 \xrightarrow{\text{催化剂}} \left[CH_2\!-\!CH_2\right]_n$$
乙烯　　　　　　　　聚乙烯

聚乙烯的分子很大，相对分子质量可达几万到几十万，属于高分子化合物或聚合物。**由低分子化合物相互结合生成高分子化合物的过程，称为聚合反应**。这种不饱和低分子的聚合反应同时也是加成反应，所以又叫作**加成聚合反应**，简称**加聚反应**。参加反应的低分子化合物叫作**单体**，生成的产物叫**聚合物**或**高分子化合物**。多数烯烃类的物质都可以在光、热或引发剂的作用下，发生聚合反应。

聚乙烯（PE）是世界上应用最广、用量最大的塑料之一。聚乙烯是白色固体，薄膜状的聚乙烯几乎透明。由于其化学稳定性好，抗张强度大，在医药上有着广泛用途。可用作人工关节、整形材料，其纤维可作缝合线，也是药品包装和食品包装的常用材料。

与乙烯类似，丙烯、丁烯等也可以聚合成聚丙烯（PP）、聚丁烯等。例如：

$$nCH_3CH\!=\!CH_2 \xrightarrow{\text{催化剂}} \left[CH\!-\!CH_2\right]_n$$
丙烯　　　　　　　　　　　　　　CH₃
聚丙烯

这些聚合物具有广泛的用途，像我们常见的家用电器外壳大都是聚丙烯塑料。

思考

你知道日常生活中，哪些塑料用品或器具应用 PE 标志吗？

*（2）聚合反应的机理

乙烯在引发剂的作用下，发生聚合反应的具体过程如下：

①**链引发** 引发剂在一定的条件下，分解（均裂）形成初级**自由基**，为吸热反应。然后初级自由基与单体加成产生单体自由基，为放热反应。即：

$$R \cdot + CH_2 = CH_2 \longrightarrow R-CH_2-CH_2 \cdot$$

②**链增长** 链引发产生的单体自由基具有继续打开其他单体 π 键的能力，形成新的链自由基，如此反复的过程即为链增长。即：

$$R-CH_2-CH_2 \cdot + CH_2 = CH_2 \longrightarrow R-CH_2-CH_2-CH_2-CH_2 \cdot \cdots\cdots$$

$$\xrightarrow{nCH_2=CH_2} RCH_2CH_2[CH_2CH_2]_nCH_2CH_2 \cdot$$

此过程为放热反应，并且速度极快。

③**链终止** 链自由基失去活性形成稳定聚合物。即：

$$\sim CH_2-CH_2 \cdot + \cdot CH_2-CH_2 \sim \longrightarrow \sim CH_2-CH_2-CH_2-CH_2 \sim$$

二、炔烃

分子中含有碳碳叁键（—C≡C—）的不饱和链烃，称为**炔烃**。炔烃分子里氢原子的数目比含相同碳原子数的烯烃分子还要少 2 个，所以炔烃分子组成通式为 C_nH_{2n-2}。炔烃的命名原则、化学性质与烯烃相似。

最简单的炔烃是乙炔。乙炔的分子式为 C_2H_2，电子式和结构式分别为：

$$H \overset{\times}{\cdot} C \overset{\cdots}{\cdots} C \overset{\times}{\cdot} H \qquad H-C \equiv C-H \ (CH \equiv CH)$$

乙炔俗称**电石气**，是因为在工业上它可以通过电石（CaC_2）与水反应来制得：

$$CaC_2 + H_2O === Ca(OH)_2 + C_2H_2 \uparrow$$

纯净的乙炔是无色、无臭的气体，比空气稍轻，微溶于水，易溶于有机溶剂。因为电石气中常混有少量硫化氢、磷化氢等气体，所以气味较难闻。乙炔是重要的化工原料，也可用来点灯照明、焊接和切割金属。

乙炔能在空气中燃烧，生成二氧化碳和水：

$$2C_2H_2 + 5O_2 \xrightarrow{点燃} 4CO_2 + 2H_2O$$

从分子结构可以看出，乙炔的含碳量较高，燃烧时火焰明亮且带有浓烟，是由于碳没有完全燃烧。乙炔在氧气中燃烧产生的火焰称为氧炔焰，温度可高达 3000℃ 以上。所以，在技工室常用乙炔－氧气燃烧器来熔化非贵金属合金；或者用来切割和焊接金属。乙炔中混有一定量的空气，遇火会发生爆炸，爆炸极限是含乙炔的体积分数 2.5%～80%。乙炔一般装于耐压钢瓶中，由于高压下液态乙炔受热或振荡就会发生爆炸，所以通常用浸有丙酮的多孔性物质（如石棉、硅藻土和活性炭等）吸收乙炔，这样可防止乙炔发生爆炸，也便于安全运输。

*第四节 二烯烃

一、二烯烃的结构及命名

二烯烃是含有两个碳碳双键的不饱和链烃。比同数碳原子的烯烃少两个氢原子，分子组成通式为 C_nH_{2n-2}。

二烯烃的命名：选取含有两个双键的最长碳链为主链，称为"某二烯"，并用阿拉伯数字从离其中一个双键最近的一端标明双键位次；其次，将取代基的位次和名称放在"某二烯"名称前。例如：

$$\overset{1}{CH_2}=\overset{2}{CH}-\overset{3}{CH}=\overset{4}{CH_2} \qquad \overset{1}{CH_2}=\overset{2}{\underset{\underset{CH_3}{|}}{C}}-\overset{3}{CH}=\overset{4}{CH}-\overset{5}{CH_3}$$

1,3 - 丁二烯　　　　　　2 - 甲基 - 1,3 - 戊二烯

二、二烯烃的化学性质

（一）加成反应

二烯烃中最重要的是 1,3 - 丁二烯。它在较高温度下，主要进行 1,4 - 加成反应，方程式如下：

$$CH_2=CH-CH=CH_2 + Br_2 \xrightarrow{1,4-加成} \underset{\underset{Br}{|}}{CH_2}-CH=CH-\underset{\underset{Br}{|}}{CH_2}$$

（二）聚合反应

1,3 - 丁二烯容易进行聚合反应，生成高分子聚合物。在金属钠的催化下，聚合成聚丁二烯，是最早的一种合成橡胶，称为丁钠橡胶。

$$nCH_2=CH-CH=CH_2 \xrightarrow[Na]{\triangle} \left[CH_2-CH=CH-CH_2 \right]_n$$

1,3 - 丁二烯　　　　　　　　1,4 - 聚丁二烯

异戊二烯（2 - 甲基 - 1,3 - 丁二烯）在催化剂的作用下，也能发生聚合，生成 1,4 - 聚异戊二烯。因该聚合物的结构和性质与天然橡胶相似，所以称为天然橡胶。

$$nCH_2=\underset{\underset{CH_3}{|}}{C}-CH=CH_2 \xrightarrow{催化剂} \left[CH_2-\underset{\underset{CH_3}{|}}{C}=CH-CH_2 \right]_n$$

异戊二烯　　　　　　　　　聚异戊二烯

天然橡胶和合成橡胶的单体都是二烯烃，它们都是线型高分子化合物，都需要在加热的条件下用硫黄或其他物质处理，进行硫化交联形成网状结构才能使用。

思考

二烯烃与烯烃的加成反应有何不同？

第五节　苯

苯是没有颜色、带有特殊气味的液体，有毒，不溶于水，密度比水小，熔点为 5.5℃，沸点为 80.1℃。苯是重要的化工原料，广泛用于生产合成纤维、合成橡胶、塑料等。

一、苯的分子结构

苯的分子式为 C_6H_6。1865 年德国化学家凯库勒首先提出苯是环状结构，即 6 个碳原子相互结合成一个正六边形结构，每个碳原子上都结合着一个氢原子。为了满足碳的 4 价，凯库勒的苯环结构可表示为：

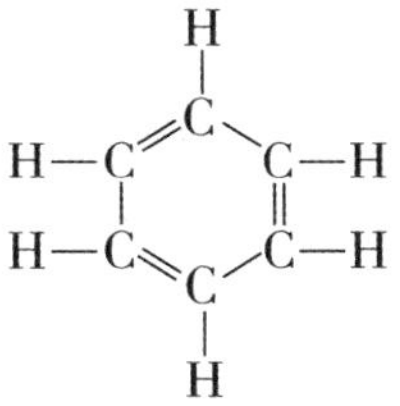

简写为 ⬡

为了更接近于苯分子的结构特点，苯的结构式也可表示为  ⬡。由于历史的原因，现在仍沿用 ⬡ 或 ⬡ 来表示苯的结构。

在有机化合物中，分子中含有一个或多个苯环结构的烃，称为**芳香烃**，简称**芳烃**。苯是最简单的芳香烃。

二、苯的同系物及命名

苯环上的氢原子被烃基取代所生成的化合物，称为**苯的同系物**。苯及苯的同系物的分子组成通式为 C_nH_{2n-6}（$n \geqslant 6$）。苯的同系物的命名原则是以苯环为母体，烷基作为取代基。例如：

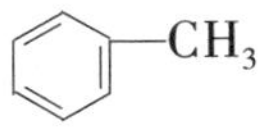

甲苯 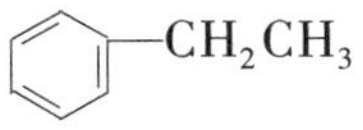　　　　　　乙苯

如果苯环上有两个取代基，则可以根据它们的相对位置不同，在前面加邻、间、对等字或用数字表示。例如：

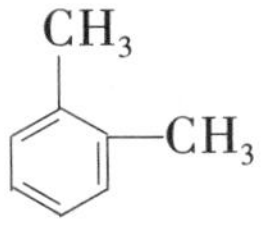

邻（o-）二甲苯　　　　间（m-）二甲苯　　　　对（p-）二甲苯
（1,2-二甲苯）　　　　（1,3-二甲苯）　　　　（1,4-二甲苯）

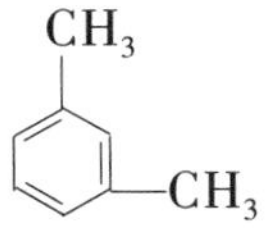

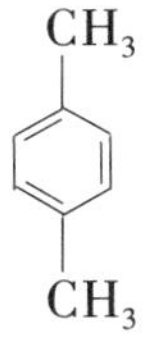

芳香烃分子中去掉一个氢原子后剩下的部分，称为**芳香烃基**，常用 Ar – 表示。例如：

$$\bigcirc\!\!-\qquad 或\ C_6H_5\!\!-\qquad\qquad\bigcirc\!\!-CH_2\!\!-\ 或\ C_6H_5CH_2\!\!-$$

苯基　　　　　　　　　　　　　苯甲基（苄基）

有些结构复杂的苯的同系物命名时，是把苯基看作取代基。例如：

$$\bigcirc\!\!-CH\!=\!CH_2\qquad 苯乙烯$$

 归纳与整理

1. 有机化合物：碳氢化合物（烃）及其衍生物。其结构特点：①碳与其他原子共用 4 对电子形成 4 个共价键，碳原子总是 4 价；②碳原子之间可以通过单键、双键或叁键连接成链状和环状结构；③有机化合物中的化学键主要是共价键。

结构式：能表示有机化合物分子中原子之间连接顺序和方式的化学式。

2. 烃：只由碳和氢两种元素组成的化合物。碳原子之间都以碳碳单键结合成链状的烃叫作烷烃；分子中含有碳碳双键的不饱和链烃叫作烯烃。

3. 烷烃的命名原则：①选择含碳原子数最多的碳链作为主链，称为"某烷"；②从靠近取代基的一端开始给主链碳原子编号；③取代基的位置、数目和名称写在"某烷"前面。

4. 烯烃的命名原则：①选择含双键在内的最长碳链为主链，称为"某烯"。②从离双键较近的一端开始，给主链碳原子编号。

5. 加成反应：是指有机化合物分子中双键的 π 键断裂加入其他原子或原子团的反应。

聚合反应：由低分子化合物相互结合生成高分子化合物的过程。

烷烃与烯烃的比较，见表 6 – 3。

表 6 – 3　烷烃与烯烃的比较

	烷烃	烯烃
结构特点	$-\overset{\vert}{\underset{\vert}{C}}-\overset{\vert}{\underset{\vert}{C}}-$	$-\overset{\vert}{C}=\overset{\vert}{C}-$
分子组成	C_nH_{2n+2}	C_nH_{2n}
可燃性	能燃烧	能燃烧
加成反应	不能发生	能发生
聚合反应	不能发生	能发生

6. 苯的分子式为 C_6H_6，结构式为 $\hexagon$ 。

苯的同系物的命名：以苯环为母体，烷基看作取代基。

自我检测

一、命名下列化合物或写出结构式

1. $CH_2=CH-CH=CH_2$

2. $CH_3-\overset{\overset{\displaystyle CH_3}{|}}{\underset{\underset{\displaystyle CH_3}{|}}{C}}-CH_2-CH_2-CH_3$

3. $CH_3-\overset{\overset{\displaystyle CH_3}{|}}{CH}-CH_2-\overset{\overset{\displaystyle }{|}}{\underset{\underset{\displaystyle CH_2-CH_3}{}}{CH}}-CH_2-CH_3$

4. $CH_3-\overset{\overset{\displaystyle }{|}}{\underset{\underset{\displaystyle CH_3}{}}{CH}}-CH=CH-CH_3$

5.

6.

7. 2 – 甲基丁烷

8. 邻二甲苯

二、填空题

1. 烷烃的通式是_____，烷烃分子中的碳原子数目每增加 1 个，烷烃的相对分子质量就增加_____。

2. 烷基是烷烃分子里失去 1 个 _____ 后剩余的部分，甲基的结构简式是_____。

3. 烯烃分子中均含有_____键，烯烃的通式是_____。

4. 现有 4 种链烃：C_6H_{14}、C_7H_{14}、C_9H_{20} 和 $C_{17}H_{34}$，其中属于烷烃的是_____，可能属于烯烃的是_____。

5. 苯是一种_____色、_____味、_____溶于水的_____体。

6. 天然气的主要成分为_____；液化气的主要成分为_____。

三、选择题

1. 下述关于烃的说法正确的是（　　）
   A. 烃是指燃烧生成二氧化碳和水的有机物
   B. 烃是指含碳元素的化合物
   C. 烃是指含有碳、氢元素的化合物
   D. 烃是指仅由碳、氢两种元素组成的化合物

2. 下列链烃中不能起加成反应的有（　　）
   A. C_2H_6　　　　　　B. C_2H_4　　　　　　C. C_2H_2　　　　　　D. C_3H_6

3. 有机物 $CH_3-\overset{\overset{\displaystyle }{|}}{\underset{\underset{\displaystyle CH_3}{}}{CH}}-\overset{\overset{\displaystyle }{|}}{\underset{\underset{\displaystyle C_2H_5}{}}{CH}}-CH_3$ 的名称是（　　）

A. 2 - 甲基 - 3 - 乙基丁烷　　　　　B. 2 - 乙基 - 3 - 甲基丁烷

C. 2,3 - 二甲基戊烷　　　　　　　　D. 3,4 - 二甲基戊烷

四、完成下列反应式，并写出反应类型

1. $CH_3CH = CH_2 + H_2 \xrightarrow{\text{催化剂}}$

*2. $nCH_2 = \underset{\underset{CH_3}{|}}{C} - CH = CH_2 \xrightarrow{\text{催化剂}}$

第七章　烃的衍生物

知识要点

1. 醇、酚、羧酸、酯的结构、命名和性质。
2. 常见的烃的衍生物在口腔修复工艺中的应用。

在传统的口腔修复工艺制作环节中，有蜡型的制作。蜡的化学成分是什么？酯类蜡和石蜡又有什么区别？用于义齿基托的自凝树脂或热凝树脂的单体，其化学成分是什么？又有哪些物理、化学性质？通过本章的学习会得到答案。

知识回顾

只由碳氢两种元素组成的化合物，称为烃。

烃的衍生物从组成上看，除含有 C、H 元素外，还有 O、N、S 等元素中的一种或几种，如初中化学里学过的乙醇(C_2H_5OH)、乙酸(CH_3COOH) 等都属于烃的衍生物。这些化合物，从结构上都可以看成是烃分子中的氢原子被其他原子或原子团取代而衍变成的，因此叫作**烃的衍生物**。

在烃的衍生物中，取代氢原子的原子或原子团，影响着烃的衍生物的性质，使其具有不同于相应烃的特殊性质。这种**决定一类化合物特性的原子或原子团叫作官能团**。像羟基（—OH）、羧基（—COOH）等都是官能团，烯烃中的碳碳双键也是官能团。烃的衍生物按官能团不同分为醇、酚、醚、醛、酮、羧酸、酯等。

第一节　醇　酚　醚

一、醇和酚

醇和酚的结构　烃分子中的氢原子可以被羟基（—OH）取代而衍生出含羟基的化合物，如：

$$CH_3—CH_2—OH \qquad CH_3—CH—CH_3 \qquad CH_2OH \qquad OH \qquad OH$$

乙醇	2－丙醇	苯甲醇	苯酚	间甲苯酚

羟基与链烃基或苯环侧链上的碳原子相连而成的化合物称为醇。醇分子中的羟基又称**醇羟基**，是醇的官能团。

羟基与苯环直接相连而形成的化合物称为酚。酚分子中的羟基又称为**酚羟基**，是酚的官能团。

（一）醇

1. 醇的分类　根据醇分子中所含羟基的数目，醇可分为一元醇、二元醇和多元醇。分子中含有一个羟基的醇称为**一元醇**，如甲醇（CH_3OH）、乙醇（CH_3CH_2OH）等。分子中含有两个或两个以上羟基的醇，分别称为**二元醇**和**多元醇**，如乙二醇和丙三醇：

$$CH_2—OH \qquad\qquad CH_2—OH$$
$$| \qquad\qquad\qquad |$$
$$CH_2—OH \qquad\qquad CH—OH$$
$$| $$
$$CH_2—OH$$

乙二醇	丙三醇

2. 醇的命名

（1）一元醇的命名　与烯烃相似，选择含有与羟基相连的碳原子在内的最长碳链为主链，按主链碳原子数称为"某醇"。例如：

$$CH_3CH_2OH \qquad\qquad C_{30}H_{61}—OH$$

乙醇	三十醇

$$OH \qquad\qquad\qquad CH_3$$
$$| \qquad\qquad\qquad\qquad |$$
$$CH_3—CH—CH_2—CH_3 \qquad CH_3—C—OH$$
$$|$$
$$CH_3$$

2－丁醇	2－甲基－2－丙醇

醇分子中羟基与苯环侧链上的碳相连的醇称为**芳香醇**。命名时，把苯环或芳香烃基看作取代基。例如：

$$\bigcirc\!—CH_2—OH \qquad\qquad 苯甲醇$$

（2）二元醇和多元醇的命名　根据醇分子中所含羟基的数目，称为某二醇、某三醇等。例如：

$$
\begin{array}{ccc}
CH_2-OH & CH_2-OH & CH_2-OH \\
| & | & | \\
CH_2-OH & CH_2 & CH-OH \\
& | & | \\
& CH_2-OH & CH_2-OH \\
乙二醇 & 1,3-丙二醇 & 丙三醇
\end{array}
$$

思考

> 写出二十六醇的结构式。

3. 醇的性质

（1）物理性质 分子中含 1~3 个碳原子的饱和一元醇是有酒香味和辛辣味道的无色透明液体，含 4~11 个碳原子的饱和一元醇是带有不愉快气味的无色油状液体，十二醇以上的高级醇则是无色、无味的蜡状固体。

低级醇能溶于水，但随着烃基的增大，醇在水中的溶解度随之减小。如甲醇、乙醇、丙醇可与水以任意比例混溶。丁醇、戊醇仅部分溶于水。己醇、庚醇微溶于水。壬醇以上则不溶于水。

（2）化学性质 醇的分子间脱水反应：醇与浓硫酸共热，可发生脱水反应，其脱水方式随反应温度不同而异。醇与浓硫酸共热到 140℃ 时，发生分子间脱水反应生成醚。这种脱水是在一分子醇中的羟基与另一分子醇羟基中的氢原子之间进行的。例如：

$$
CH_3-CH_2-OH + H-O-CH_2-CH_3 \xrightarrow[140℃]{浓硫酸} CH_3-CH_2-O-CH_2-CH_3 + H_2O
$$

$$乙醚$$

思考

> 写出甲醇和乙醇与浓硫酸共热到 140℃ 时的分子间脱水反应方程式。

4. 常见的醇

（1）甲醇 甲醇（CH_3OH）是最简单的醇，为无色、易挥发、易燃液体。沸点64.7℃。略带乙醇气味，能溶于水、乙醇、乙醚、丙酮、苯和其他有机溶剂中。甲醇有毒，误服甲醇约 10mL 就能使人失明，误服 30mL 则能致死。

甲醇可作溶剂，可用作车用燃料，还是一种重要的化工原料，可用于合成有机玻璃等产品。

（2）乙醇 乙醇（CH_3CH_2OH）俗称**酒精**，是饮用酒的主要成分。在白酒中酒精的含量为 40%~60%，黄酒中酒精的含量为 8%~15%，啤酒中酒精的含量为 3%~5%。

纯净的乙醇是无色透明、易挥发和易燃的液体，有酒味，沸点78.5℃，能与水以任意比例混溶。燃烧时几乎无烟，呈现蓝色火焰，生成 CO_2 和 H_2O，并放出大量的热，故可作燃料。

$$CH_3CH_2OH + 3O_2 \xrightarrow{\text{点燃}} 2CO_2 + 3H_2O + 1366.5kJ$$

含量大于99.5%的乙醇称为**无水乙醇**，它主要用作化学试剂；含量为95%的乙醇称为**药用酒精**；医学上把75%的乙醇溶液称为**消毒酒精**。

乙醇除了作为燃料和饮用酒类外，还是重要的化工原料，可用来合成橡胶和药物。

（3）乙二醇　乙二醇（ $\begin{matrix} CH_2\text{—}OH \\ | \\ CH_2\text{—}OH \end{matrix}$ ）是无色黏稠而有甜味的液体，又称**甘醇**。沸点197.4℃，凝固点－13℃。可与水以任何比例混溶，混溶后水溶液的冰点下降到－34℃，常用作汽车水箱的防冻剂。

乙二醇还可以作为合成纤维的原料。例如"的确良"即聚酯纤维的主要原料就有乙二醇。

（4）丙三醇　丙三醇（ $\begin{matrix} CH_2\text{—}OH \\ | \\ CH\text{—}OH \\ | \\ CH_2\text{—}OH \end{matrix}$ ）俗称**甘油**，是一种无色、无臭、略带甜味的黏稠性液体，熔点17.9℃，沸点290℃（分解），可与水以任意比例混溶，能降低水的冰点。甘油的吸湿性很强，是护肤霜的成分之一。甘油的水溶液可作润肤剂。在医药上，甘油常用作溶剂、赋形剂和润滑剂。在口腔工艺中，可用作蜡型和石膏的分离剂。

（二）酚

大多数酚为无色结晶。酚羟基数目越多，酚的水溶性越好。分子中含有一个羟基的一元酚微溶于水，分子中含多个羟基的多元酚易溶于水。酚类具有特殊的气味，能溶于乙醇、乙醚、苯等有机溶剂中。

1. 酚的命名　一元酚命名时以苯酚为母体，苯环上的其他原子、原子团或烃基作为取代基，它们与酚羟基的相对位置可用阿拉伯数字表示，编号从苯环上连有酚羟基的碳原子开始；也可以用邻、间、对表示取代基与酚羟基的相对位置。例如：

2－甲基苯酚　　　　3－甲基苯酚　　　　4－甲基苯酚
（邻甲酚）　　　　　（间甲酚）　　　　　（对甲酚）

二元酚命名时以苯二酚为母体，两个酚羟基间的相对位置用阿拉伯数字或邻、间、对等字表示。例如：

1,2－苯二酚（邻苯二酚）　1,3－苯二酚（间苯二酚）　1,4－苯二酚（对苯二酚）

邻苯二酚和邻二甲苯名称中，"二"字的含义相同吗？

2. 常见的酚

（1）苯酚　苯酚（ 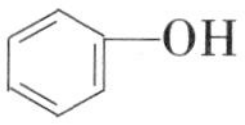 ）最初是从煤焦油中分离得到的，并具有弱酸性，因此苯酚俗称**石炭酸**。纯净的苯酚是无色针状结晶，熔点 43℃，具有特殊的气味，见光及暴露在空气中则逐渐被氧化而显粉红色。苯酚能溶于水，但常温下溶解度不大；当温度高于 65℃ 时，能与水以任意比例混溶。苯酚易溶于乙醇和乙醚中。苯酚对组织（如皮肤）有较强的腐蚀性和刺激性，穿透力强。当不小心把苯酚沾到皮肤上时，应立即用消毒酒精洗去。

苯酚是重要的化工原料，可用于制造酚醛树脂（电木）、染料、药物和炸药等。药皂中掺有少量苯酚。苯酚还可以作为某些聚合反应的延缓剂或稳定剂，把它和原料单体加在一起可以防止单体在加工、运输或储藏过程中过早发生聚合反应。

（2）对苯二酚　对苯二酚（ 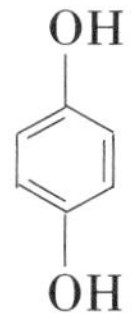 ）又称**氢醌**，是一种无色晶体，熔点 170.5℃，沸点 286℃，在温度稍低于其熔点时，能升华而不分解，易溶于热水、乙醇和乙醚，难溶于苯。

对苯二酚是一种强还原剂，弱氧化剂即可将它氧化成对 - 苯醌，在碱性溶液中则更易被氧化。其反应如下：

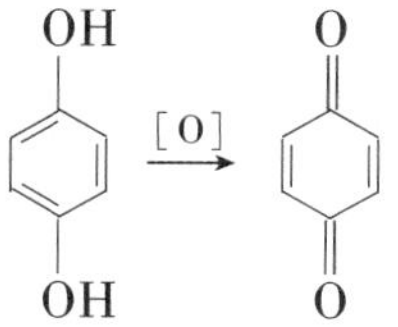

对苯二酚可以使自聚合反应终止，在聚合反应的单体中加入对苯二酚后可以长久保存，所以对苯二酚可以作聚合反应的延缓剂或稳定剂。

双酚 A

双酚 A 也称 BPA，其结构比较复杂，命名时可以不用酚为母体，又叫2，2 - 二（4 - 羟基苯基）丙烷或二酚基丙烷。双酚 A 是制取光固化义齿基托树脂、环氧树脂、聚碳酸酯（PC）的主要原料。

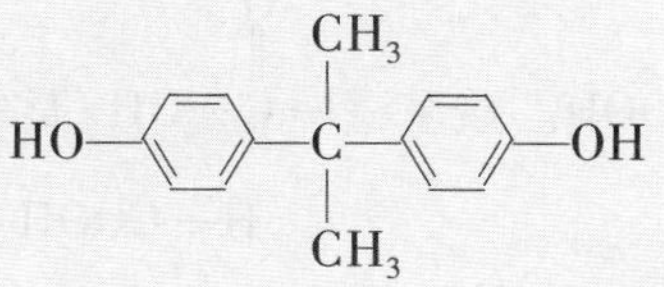

*二、醚

（一）醚的结构

由两个烃基通过氧原子连接起来的化合物称为醚。例如：

$$CH_3CH_2—O—CH_2CH_3 \qquad CH_3—O—CH_2CH_3$$

苯甲醚结构：苯环—O—CH$_3$

乙醚   甲乙醚   苯甲醚

（二）环氧乙烷

环氧乙烷（ $\overset{CH_2—CH_2}{\underset{O}{\diagdown\diagup}}$ ）又叫氧化乙烯，也属于醚类，是最简单的环醚，为无色

有毒的气体，沸点 13.5℃，易燃易爆，能溶于水、乙醇和乙醚中。对金属不腐蚀，通常把它保存在钢瓶中。环氧乙烷有杀菌作用，可用于一些不能耐高温的物品和手术器械的消毒。环氧乙烷在催化剂的作用下可发生开环加成反应。例如：

$$\underset{O}{CH_2—CH_2} + H_2O \xrightarrow{催化剂} \underset{\overset{|}{OH}\ \ \overset{|}{OH}}{CH_2—CH_2}$$

乙二醇

$$\underset{O}{CH_2—CH_2} + HCl \xrightarrow{催化剂} \underset{\overset{|}{OH}\ \ \overset{|}{Cl}}{CH_2—CH_2}$$

2 - 氯乙醇

> **思考**
>
> 开环加成反应与碳碳双键加成反应有何异同？

第二节　羧　酸

一、羧酸的结构、分类和命名

（一）羧酸的结构

烃基与羧基相连而构成的化合物叫作羧酸（甲酸除外）。其结构通式为（Ar）R—

COOH。羧基（ $—\overset{\overset{O}{\|}}{C}—OH$ 简写为—COOH）是羧酸的官能团。

$$H—COOH \qquad\qquad CH_3—COOH \qquad\qquad 苯环—COOH$$

甲酸   乙酸   苯甲酸

（二）羧酸的分类

1. 根据分子中烃基的不同分类　根据分子中烃基的不同，羧酸可分为脂肪酸和芳香酸。羧基与脂肪烃基相连的称为**脂肪酸**。若脂肪烃基是饱和的，称为**饱和脂肪酸**，如乙酸（CH_3—COOH）；若脂肪烃基是不饱和的，称为**不饱和脂肪酸**，如丙烯酸（CH_2＝CH—COOH）。羧基与芳香烃基相连的称为**芳香酸**，如苯甲酸（  ）。

2. 根据分子中所含羧基的数目分类　羧酸还可以根据其分子中所含羧基的数目不同分为一元羧酸、二元羧酸和多元羧酸。分子中含有一个羧基的称为**一元羧酸**，如乙酸（CH_3—COOH）；分子中含有两个羧基的称为**二元羧酸**，如丁二酸（$HOOCCH_2CH_2$ COOH）；习惯上常把分子中含有两个以上羧基的羧酸统称为多元羧酸。

（三）羧酸的命名

1. 饱和一元脂肪酸的命名　饱和一元脂肪酸的组成通式为 $C_nH_{2n+1}COOH$。其命名与烯烃相似，选择含有羧基在内的最长碳链为主链，根据主链上碳原子的数目称为"某酸"。例如：

$$CH_3—CH—COOH \qquad CH_3(CH_2)_{16}COOH$$
$$\underset{\displaystyle CH_3}{|}$$

2 - 甲基丙酸　　　　　　十八酸（硬脂酸）

2. 不饱和一元脂肪酸的命名　选择含有羧基及碳碳双键在内的最长碳链为主链，根据主链上碳原子的数目称为"某烯酸"，并把双键位置写在"某烯酸"之前。例如：

$$CH_2 ＝ CH—COOH \qquad CH_2 ＝ \underset{\displaystyle CH_3}{\overset{\displaystyle |}{C}}—COOH$$

丙烯酸　　　　　　　　甲基丙烯酸

$$CH_3(CH_2)_7CH \overset{9}{＝} CH(CH_2)_7COOH$$

9 - 十八碳烯酸（油酸）

3. 芳香酸的命名　以脂肪酸为母体，把芳香烃基看作取代基。例如：

苯甲酸

4. 二元羧酸的命名　以两个羧基位于两端的碳链作为主链，称为某二酸。例如：

$$HOOC—COOH \qquad HOOCCH_2CH_2COOH$$

乙二酸　　　　　　　丁二酸　　　　　　邻苯二甲酸

羧酸分子中去掉羧基上的羟基，剩下的部分称为**酰基**（Ar）R—C— 。例如：

$$CH_3—C—\qquad\qquad —C—$$

乙酰基　　　　　　苯甲酰基

称为过氧化二苯甲酰（BPO），简称过氧化苯甲酰。可作为许多聚合反应的引发剂。

二、羧酸的性质

（一）物理性质

甲酸、乙酸、丙酸都是具有强烈刺激性气味的无色液体，含 4~9 个碳原子的饱和一元羧酸是具有腐败气味的油状液体，癸酸以上为蜡状固体。二元羧酸和芳香酸都是结晶固体。低级羧酸可与水混溶，随着相对分子质量增大，溶解度逐渐减小。羧酸的熔点、沸点都随着相对分子质量的增加而升高。

（二）化学性质

羧酸的化学性质主要由羧基引起。

1. 酸性　羧酸是一种弱酸，具有酸的通性。其酸性比碳酸强，能够与碳酸盐或碳酸氢盐反应，放出二氧化碳。例如：

$$2CH_3COOH + Na_2CO_3 === 2CH_3COONa + CO_2\uparrow + H_2O$$
$$CH_3COOH + NaHCO_3 === CH_3COONa + CO_2\uparrow + H_2O$$

思考

写出硬脂酸（$C_{17}H_{35}COOH$）与 NaOH 的反应方程式。

2. 酯化反应　**羧酸与醇作用生成酯和水的反应称为酯化反应。**酯化反应是羧酸分子中羧基上的羟基与醇分子中羟基上的氢原子结合生成水，其余部分结合生成酯。

$$R—C—OH + H—O—R' \underset{\triangle}{\overset{浓硫酸}{\rightleftharpoons}} R—C—O—R' + H_2O$$

羧酸　　　　　醇　　　　　　　酯

在上述反应中，反应在向羧酸与醇作用生成酯和水的方向进行的同时，又能向酯与水反应生成羧酸和醇的方向进行。我们把向生成物方向进行的反应叫作**正反应**，把向反应物方向进行的反应叫作**逆反应**。像这样在**同一条件下，既能向正反应方向进行，同时又能向逆反应方向进行的反应叫作可逆反应**。在化学方程式里，用两个方向相反的箭头，即可逆号"$\rightleftharpoons$"代替"$=$"来表示可逆反应。例如：

$$CH_3-\overset{\overset{\displaystyle O}{\|}}{C}-OH + HO-CH_2-CH_3 \underset{\triangle}{\overset{浓硫酸}{\rightleftharpoons}} CH_3-\overset{\overset{\displaystyle O}{\|}}{C}-O-CH_2-CH_3 + H_2O$$

乙酸 　　　　　乙醇 　　　　　　　　　　　乙酸乙酯

$$\underset{\underset{\displaystyle CH_3}{|}}{CH_2=C}-\overset{\overset{\displaystyle O}{\|}}{C}-OH + HO-CH_3 \underset{\triangle}{\overset{浓硫酸}{\rightleftharpoons}} \underset{\underset{\displaystyle CH_3}{|}}{CH_2=C}-\overset{\overset{\displaystyle O}{\|}}{C}-O-CH_3 + H_2O$$

甲基丙烯酸 　　　　甲醇 　　　　　　　　甲基丙烯酸甲酯

思考

写出甲基丙烯酸分别与乙醇、软脂酸和三十醇的酯化反应方程式。

三、常见的羧酸

（一）甲酸

甲酸（HCOOH）俗称**蚁酸**，存在于蜂类、蚁类等昆虫的分泌物中。甲酸是无色而有刺激性气味的液体，可与水混溶。甲酸的腐蚀性很强，被蚂蚁或蜂类螫伤后皮肤红肿和疼痛就是由甲酸引起的，用稀氨水或肥皂水涂敷可以止痛。

甲酸是最简单的饱和一元脂肪酸，它的酸性比其他饱和一元羧酸的酸性强。甲酸还有一定的还原性。

（二）乙酸

乙酸（CH_3COOH）俗称**醋酸**，食醋中约含 3%～5% 的乙酸。纯净的乙酸为具有强烈刺激性酸味的无色液体，能与水混溶，熔点 16.5℃，沸点 118℃。纯乙酸在温度低于16.5℃时凝结成冰状固体，故又称**冰醋酸**。乙酸是饱和一元羧酸的代表物，具有饱和一元羧酸的通性。

乙酸具有抗细菌和真菌的作用，在医药上可用作消毒防腐剂。按每立方米空间用2mL 食醋熏蒸，可以预防流感及感冒。在工业上醋酸可用于制作颜料、香料和腐蚀剂。

（三）高级脂肪酸

在一元羧酸中，常把**分子中含有较多碳原子的脂肪酸叫作高级脂肪酸**。多数高级脂肪酸含有偶数个碳原子，其中以含 16 和 18 个碳原子的高级脂肪酸最为常见，有饱和的，也有不饱和的。例如：

饱和高级脂肪酸：

硬脂酸（十八酸）　　$CH_3(CH_2)_{16}COOH$ 或 $C_{17}H_{35}COOH$

软脂酸（十六酸或棕榈酸）　　$CH_3(CH_2)_{14}COOH$ 或 $C_{15}H_{31}COOH$

二十六酸　$CH_3(CH_2)_{24}COOH$ 或 $C_{25}H_{51}COOH$

不饱和高级脂肪酸：

油酸（9 - 十八碳烯酸）　　$CH_3(CH_2)_7CH\!=\!CH(CH_2)_7COOH$ 或 $C_{17}H_{33}COOH$

饱和脂肪酸常温下呈固态。不饱和脂肪酸常温下呈液态。高级脂肪酸都不溶于水，易溶于碱，也易溶于乙醚、汽油和酒精等有机溶剂。

高级脂肪酸是构成人体内油脂的主要成分。含有不饱和键的高级脂肪酸能被空气或氧化剂氧化。高级脂肪酸具有酸的通性，如能与碱反应生成盐和水。高级脂肪酸的钠盐就是普通肥皂的有效成分。工业上常用高级脂肪酸作润滑剂、防水剂和光泽剂。矿蜡就是在石蜡中掺入硬脂酸制成的。硬脂酸与 Fe_2O_3 粉末混合做成的抛光膏，可用于黄金合金的抛光。

*（四）邻苯二甲酸

邻苯二甲酸（ 〔苯环〕COOH COOH ）是白色晶体，可溶于热水而不溶于冷水。邻苯二甲酸是制造染料、树脂、药物和增塑剂的原料。

> **思考**
>
> 写出硬脂酸与氢氧化钠（NaOH）的反应方程式。

四、肥皂

日常用的肥皂含有 70% 的高级脂肪酸钠及 30% 的水分，以及为增加泡沫而加入的松香酸钠。高级脂肪酸钾不能凝结成块状，叫作软肥皂。

肥皂的去污原理：高级脂肪酸盐在水溶液中能电离出 Na^+ 和 $RCOO^-$，$RCOO^-$ 原子团中，—COO^- 部分易溶于水，叫作**亲水基**；另一部分链状烃基 R—易溶于油，叫作**亲油基**，如图 7 - 1 所示。当肥皂与油污相遇时，亲水基的一端溶于水中，而亲油基的一端则溶于油污中。由于肥皂既有亲水性又有

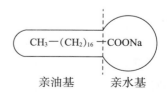

图 7 - 1　肥皂分子结构示意图

亲油性，这样就把原来互不相溶的水和油混合起来，使附着在织物表面的油污易被润湿，进而与织物逐步松开。同时，由于搓洗作用，油污就更易脱离织物而分散成细小的油滴进入肥皂液中，形成乳浊液。这时，肥皂液中亲油的烃基就插入到搓洗下来的油滴里，而亲水的羧基部分—COO⁻则伸向水中，由于油滴被一层肥皂分子包围而不能彼此融合，因此，经水漂洗后就可以达到去污的目的，如图7－2所示。

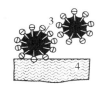

1. 亲水基　2. 亲油基　3. 油污　4. 纤维制品

图 7－2　肥皂去污原理示意图

根据肥皂的去污原理，人们研制出了各种各样既有亲水基、又有亲油基的合成洗涤剂。合成洗涤剂的主要成分一般是烷基苯磺酸钠或烷基磺酸钠等。

知识拓展

表面活性剂

表面活性剂能改变物质表面的一些固有性质（如液体的表面张力、固体的润湿性能），使其表面"活化"。

表面活性剂分子中具有亲水、亲油基团。其亲水基亲水疏油，如—OH、—COOH、—NH$_2$ 等；而亲油基疏水亲油，如 C$_{17}$H$_{35}$—。由于其既亲水又亲油，可以在气液、液液、液固两相界面上吸附与定向排列，两相均将其看作本相的成分，使两相的表面接触融合。通过这种方式增加两相亲和、减少排斥，甚至消除两个相的界面，从而降低表面张力。像肥皂、合成洗涤剂一样，表面活性剂在很低浓度下能显著降低液体表面张力，所以又叫**表面张力消除剂**。表面活性剂还可促进液体在固体表面的润湿，发挥增溶、洗涤、乳化、发泡、浸透和分散等多种作用。

思考

肥皂中亲油基的特点是什么？

第三节　酯

一、酯的结构和命名

羧酸和醇作用脱水生成的化合物叫作酯。通式是：$R-\overset{O}{\underset{\|}{C}}-OR'$ 或 $RCOOR'$，其官能团为酯键（ $-\overset{O}{\underset{\|}{C}}-O-$ 或 $-COO-$ ）。

酯的命名是根据生成酯的羧酸和醇的名称，酸在前，醇在后，省去"醇"字，加上"酯"字，称为"某酸某酯"。例如：

$$CH_3-\overset{O}{\underset{\|}{C}}-O-CH_3 \qquad CH_3-CH_2-O-\overset{O}{\underset{\|}{C}}-\text{（苯基）} \qquad CH_3-\underset{CH_3}{\overset{}{CH}}-\overset{O}{\underset{\|}{C}}-O-CH_3$$

乙酸甲酯 　　 苯甲酸乙酯 　　 甲基丙酸甲酯

$$CH_2=CH-\overset{O}{\underset{\|}{C}}-O-CH_3 \qquad CH_2=\underset{CH_3}{\overset{}{C}}-\overset{O}{\underset{\|}{C}}-O-CH_3$$

丙烯酸甲酯 　　 甲基丙烯酸甲酯

> **思考**
>
> 写出甲基丙烯酸乙酯的结构式。

二、酯的性质

（一）物理性质

低级酯是无色的液体，高级酯多为蜡状固体。酯一般比水轻，难溶于水，易溶于乙醇和乙醚等有机溶剂。低级酯能溶解很多有机化合物，又易挥发，故为良好的有机溶剂。

挥发性的酯具有芳香的气味，许多花果的香味就是由一些低级酯引起的。如丁酸甲酯具有菠萝香味，苯甲酸甲酯具有茉莉香味等。高级酯没有香味。酯类常用作溶剂、某些饮料及糖果的香料；增塑剂中含有邻苯二甲酸二丁酯及邻苯二甲酸二辛酯。

（二）化学性质

水解反应　酯的水解反应是酯化反应的逆反应，水解时如果加入少量酸或碱，可以加速水解反应的进行。

$$R\overset{\displaystyle O}{\overset{\|}{-C}}-O-R' + H_2O \underset{\triangle}{\overset{稀硫酸}{\rightleftharpoons}} R\overset{\displaystyle O}{\overset{\|}{-C}}-OH + R'OH$$

例如：
$$CH_3\overset{\displaystyle O}{\overset{\|}{-C}}-O-CH_3 + H_2O \underset{\triangle}{\overset{稀硫酸}{\rightleftharpoons}} CH_3\overset{\displaystyle O}{\overset{\|}{-C}}-OH + CH_3OH$$
乙酸甲酯　　　　　　　　　　　　乙酸　　　甲醇

在一些高分子化合物的老化过程中，就有酯的水解反应。在酸、碱的作用下，高分子化合物的老化速率会加快。

思考

试写出甲基丙烯酸甲酯的水解方程式，并指出所发生反应的位置。

三、口腔修复工艺中常用的酯

（一）甲基丙烯酸甲酯

甲基丙烯酸甲酯（$CH_2=\overset{\displaystyle\ \ CH_3}{\underset{}{C}}\overset{\displaystyle O}{\overset{\|}{-C}}-O-CH_3$）简称 MMA，是一种无色透明、易挥发、带有刺鼻气味的液体，沸点 101℃，它的蒸气比空气重，与空气混合到一定浓度时，遇明火会引起爆炸。它的蒸气会刺激眼睛及呼吸器官，高浓度的蒸气及液体会灼伤皮肤。

讨论

根据甲基丙烯酸甲酯的结构，分析它除了能发生水解反应外，还可以发生什么反应？

甲基丙烯酸甲酯的分子中存在碳碳双键，在热、光线照射或过氧化物及重金属离子的作用下，其结构中的碳碳双键可以打开发生聚合反应，生成聚甲基丙烯酸甲酯（PMMA）。所以通常将甲基丙烯酸甲酯保存在棕色或深色的容器中。为了防止聚合反应的发生，还常在甲基丙烯酸甲酯中加入一些稳定剂或阻聚剂，例如氢醌。

*（二）甲基丙烯酸烯丙酯　二甲基丙烯酸乙二醇酯

甲基丙烯酸烯丙酯（$CH_2=\overset{\displaystyle\ \ CH_3}{\underset{}{C}}\overset{\displaystyle O}{\overset{\|}{-C}}-O-CH_2-CH=CH_2$）是无色透明的液体，熔点

−65℃，沸点 144℃，密度 0.93g/cm^3（25℃），易溶于多数有机溶剂，几乎不溶于水。易发生聚合反应。

二甲基丙烯酸乙二醇酯（ $CH_2{=}\underset{\underset{CH_3}{|}}{C}{-}\overset{\overset{O}{\|}}{C}{-}O{-}CH_2{-}CH_2{-}O{-}\overset{\overset{O}{\|}}{C}{-}\underset{\underset{CH_3}{|}}{C}{=}CH_2$ ）也是无色

透明液体，熔点 −40℃，沸点 97℃，易燃，无毒，易聚合。

> **讨论**
>
> 　　如果分子结构中含有两个或者两个以上碳碳双键，如何发生聚合反应？

　　甲基丙烯酸烯丙酯和二甲基丙烯酸乙二醇酯的分子结构中都含有两个碳碳双键，其分子中的一个碳碳双键打开聚合成长链的同时，另一个碳碳双键可以横向连接而构成网状聚合物。所以它们广泛用作有机玻璃制备中的共聚单体、接枝单体以及口腔材料修补的交联剂。在口腔修复工艺中，常将甲基丙烯酸烯丙酯、二甲基丙烯酸乙二醇酯与二乙烯苯（ $CH_2{=}CH{-}\langle\bigcirc\rangle{-}CH{=}CH_2$ ）联合使用。

*（三）邻苯二甲酸酯

　　邻苯二甲酸酯可以通过邻苯二甲酸为原料而制得。常见的有邻苯二甲酸二辛酯、邻苯二甲酸二丁酯（ 结构式 $C{-}OCH_2CH(CH_2)_3CH_3$ 等 ）、 结构式 $C{-}OCH_2(CH_2)_2CH_3$ ） 等。

广泛用于聚氯乙烯、氯乙烯共聚物、合成纤维和树脂等的增塑剂，具有增塑效率高、柔软性好等特点。

四、口腔修复工艺中常用的蜡

> **知识回顾**
>
> 　　石蜡：有液体石蜡和固体石蜡。含有 20~24 个碳原子的烷烃为液体石蜡；含有 25~34 个碳原子的烷烃为固体石蜡。

　　酯类蜡的主要成分，都是由饱和高级一元羧酸和链状或环状高级一元醇所形成的酯类。其中脂肪酸和醇也都含偶数个碳原子，最常见的酸是十六酸（软脂酸或棕榈酸）和二十六酸，最常见的醇则是十六醇、二十六醇及三十醇。

　　酯蜡都是固体，不溶于水而溶于有机溶剂，不易水解，在人体内也不能被酶水解，故无营养价值。蜡广泛分布于动植物中。

酯蜡与石蜡的物理性质相似，而化学组成和化学性质则完全不同。几种重要酯蜡的主要成分及熔点见表 7 - 1。

表 7 - 1 几种重要酯蜡的主要成分及熔点

名 称	主要成分	熔点（℃）
虫蜡	$C_{25}H_{51}COOC_{26}H_{53}$	80 ~ 83
蜂蜡	$C_{15}H_{31}COOC_{30}H_{61}$	62 ~ 65
鲸蜡	$C_{15}H_{31}COOC_{16}H_{33}$	42 ~ 46
巴西棕榈蜡	$C_{25}H_{51}COOC_{30}H_{61}$	83 ~ 90

（一）虫蜡

虫蜡又称**白蜡**，是动物蜡，为我国特产。白蜡是寄生于女贞树上的白蜡虫分泌物，主要产地是四川。主要成分是二十六酸和二十六醇所形成的酯。它的熔点高，硬度大。

（二）蜂蜡

蜂蜡又叫**黄蜡**，也是动物蜡，存在于蜜蜂窝中，是工蜂腹部的蜡腺所分泌的用于建造蜂窝的主要物质。主要成分是十六酸和三十醇所形成的酯。蜂蜡能溶于氯仿，却不溶于水和酒精。将黄色的蜂蜡漂白可以得到白色的蜡。

（三）鲸蜡

鲸蜡是在抹香鲸头部、额骨前的两个大空腔中含有的一种黄色的液态物质，也叫**鲸油**。抹香鲸死后，这些鲸油会结晶成大块具珍珠一样光泽的鲸蜡。主要成分是十六酸和十六醇所形成的酯。鲸蜡有一种清凉的感觉，可用于制作清凉油。

（四）巴西棕榈蜡

巴西棕榈蜡则是巴西棕榈叶的分泌物，是植物蜡。巴西是此种植物的主要种植区。呈黄色至褐绿色，干燥后很坚硬，但比较脆，不黏手、具有良好的光洁作用。不溶于酒精。主要成分是由二十六酸和三十醇所形成的酯。

思考

酯类蜡与石蜡的组成和性质有什么不同？

在口腔修复工艺中所用的蜡是上面各种不同蜡的混合物。根据不同的用途，混合物中各种蜡的比例也会不同。例如铸造金属支架蜡主要是由 60% 的石蜡和 25% 的棕榈蜡等组成，可用于制作各种金属铸造修复体的模型等；国产的基托蜡主要是由 70% ~ 80% 的石蜡和 20% 的蜂蜡以及少量的棕榈蜡组成，可用于模型上制作可摘局部义齿、全口义齿等修复体的蜡基托及人工牙的蜡型等。虽然不同的齿科用蜡都有各自的特点，但它们都有一个共同的特性，就是可塑性。

蜡除了在塑型材料中扮演着重要角色外，在抛光材料中也占有一席之地。抛光膏就是用硅藻土和金属氧化物松散地混在蜡中而制成的。

口腔修复工艺中，蜡型进行包埋前，首先要在蜡型表面喷涂表面张力消除剂（又叫表面浸润剂）。你知道这是为什么吗？

在口腔修复工艺中常用的浸润剂几乎全是用洗涤剂和酒精配成的。洗涤剂中既有亲水基又有亲油基。

蜡具有油脂性表面，该表面是憎水的，一般不易被水浸润。包埋时，蜡型表面与包埋材料不能紧密浸润。在加热过程中，蜡模表面上会形成一些空洞，灌铸时金属就会流入这些空洞中，使铸件表面变得粗糙或带有"铸珠"。如果在蜡型表面喷涂浸润剂，浸润剂中的亲水基可以与包埋材料亲和，而亲油基与蜡亲和。这样在蜡型表面与包埋材料之间就不会形成空洞，形成的铸件表面也就不会粗糙或带有"铸珠"。

归纳与整理

一、结构

醇：羟基与链烃基或苯环侧链上的碳原子相连的化合物。醇羟基（—OH）是醇的官能团。

酚：羟基与苯环直接相连的化合物。酚羟基（—OH）是酚的官能团。

醚：由两个烃基通过氧原子连接起来的化合物。环氧乙烷属于醚类。

羧酸：烃基与羧基相连的化合物。羧基（—COOH）是羧酸的官能团。

酯：羧酸和醇作用脱水生成的化合物。官能团为—COO—。

二、命名

1. 醇的命名：一元醇的命名与烯烃相似；多元醇的命名是根据醇分子中所含羟基的数目，称为某二醇、某三醇等。

2. 一元酚的命名是以苯酚为母体，苯环上其他原子、原子团或烃基作为取代基；二元酚命名是以苯二酚为母体，两个酚羟基间的相对位置用阿拉伯数字或邻、间、对等字表示。

3. 羧酸的命名

（1）饱和一元脂肪酸的命名与烯烃相似。

（2）不饱和一元脂肪酸的命名是选择含有官能团及碳碳双键在内的最长碳链为主链，根据主链上碳原子的数目称为某烯酸。

（3）芳香酸命名时，把芳香烃基看作取代基。

（4）二元羧酸命名是把两个羧基位于两端的碳链作为主链，称为某二酸。

4. 酯的命名是根据生成酯的羧酸和醇的名称，酸在前，醇在后，省去

"醇"字，加上"酯"字，称为"某酸某酯"。

三、化学性质

1. 醇的分子间脱水反应：醇与浓硫酸共热到140℃时，发生分子间脱水生成醚。

2. 开环加成反应：环氧乙烷在催化剂的作用下可发生开环加成反应。

3. 酯化反应：羧酸与醇作用生成酯和水的反应。

4. 酯的水解反应：酯化反应的逆反应。

四、口腔修复工艺中常用的烃类衍生物

1. 乙醇：可燃烧生成 CO_2 和 H_2O，并放出大量的热。

2. 对苯二酚：是一种强还原剂。在聚合反应中可作为延缓剂或稳定剂。

3. 过氧化二苯甲酰（BPO）：可作为许多聚合反应的引发剂。

4. 甲基丙烯酸甲酯（MMA）：能发生聚合反应生成聚甲基丙烯酸甲酯（PMMA）。

5. 酯蜡：由饱和高级一元羧酸与链状或环状高级一元醇所形成的酯类。常见的有蜂蜡、虫蜡等。

自我检测

第一节　醇　酚　醚

一、命名下列化合物或写出结构式

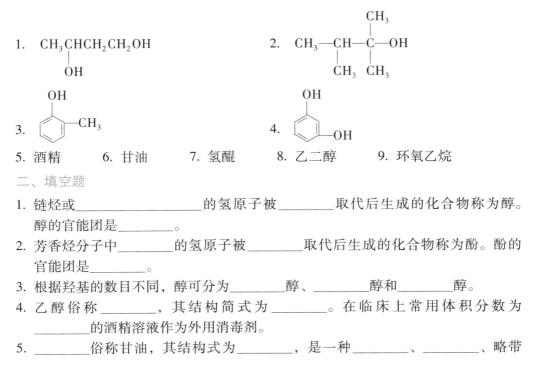

1. $CH_3CHCH_2CH_2OH$
　　　OH

2. $CH_3-CH-C-OH$ （顶部 CH_3，底部 CH_3 CH_3）

3. （苯环，OH，CH_3）

4. （苯环，OH，OH）

5. 酒精　　6. 甘油　　7. 氢醌　　8. 乙二醇　　9. 环氧乙烷

二、填空题

1. 链烃或_____的氢原子被_____取代后生成的化合物称为醇。醇的官能团是_____。

2. 芳香烃分子中_____的氢原子被_____取代后生成的化合物称为酚。酚的官能团是_____。

3. 根据羟基的数目不同，醇可分为_____醇、_____醇和_____醇。

4. 乙醇俗称_____，其结构简式为_____。在临床上常用体积分数为_____的酒精溶液作为外用消毒剂。

5. _____俗称甘油，其结构式为_____，是一种_____、_____、略带

甜味的_____液体，可与水_____混溶。

6. 苯酚是_____固体，_____溶于水，其结构式为_____。

三、选择题

1. 下列有机物不是醇类的是（　　　）
   A. 饱和烃分子中的氢原子被羟基取代后的化合物
   B. 不饱和烃分子中的氢原子被羟基取代后的化合物
   C. 苯环上的氢原子被羟基取代后的化合物
   D. 苯环侧链上的氢原子被羟基取代后的化合物

2. 乙醇与浓硫酸共热至 140℃，其主要产物是（　　　）
   A. 乙醛　　　　　B. 乙烯　　　　　C. 乙醚　　　　　D. 甲醚

3. 乙醇与浓硫酸共热至 140℃，生成乙醚的反应是（　　　）
   A. 加成反应　　　　　　　　　B. 分子间脱水反应
   C. 分子内脱水反应　　　　　　D. 氧化反应

4. 下列化合物不属于醇的是（　　　）

A. $CH_3—CH—CH—CH_3$ （下标 OH、CH_3）　　　　B. （苯环，OH 和 CH_3）

C. （环己烷，OH 和 CH_3）　　　　D. （苯环，CH_2OH）

四、完成下列反应

$$2CH_3CH_2OH \xrightarrow[140℃]{浓硫酸}$$

第二节　羧　酸

一、命名下列化合物或写出结构式

1. $CH_3—(CH_2)_{24}—COOH$　　　　2. $CH_3—CH—COOH$ （下标 $CH_2—CH_3$）

3. （苯环，COOH、COOH）　　　　4. $HOOC—CH_2—CH_2—COOH$

5. 甲酸　　　　6. 硬脂酸　　　　7. 羧基　　　　8. 苯甲酰基

二、填空题

1. 乙酸又叫_____，它是日常调味品_____的主要成分。其酸性比碳酸_____。

2. 羧酸的_____反应的逆反应是酯的_____反应。

3. 十六酸的俗名为_____或_____，结构式为_____。

三、选择题

1. 2 – 甲基丙酸分子中，烃基为（　　　）

    A. 甲基　　　　　　B. 乙基　　　　　　C. 异丙基　　　　　D. 丙基

2. HCOOH 与 CH_3OH 在浓硫酸作用下脱水生成（　　）

    A. CH_3COOH　　　B. CH_3COOCH_3　　C. $HCOOCH_3$　　　D. $HCOOCH_2CH_3$

3. 下列反应属于酯化反应的是（　　　）

    A. 酒精与浓硫酸共热　　　　　　　B. 乙酸与浓硫酸共热

    C. 乙酸乙酯与浓硫酸共热　　　　　D. 乙酸、甲醇与浓硫酸共热

四、完成下列反应

1.　$CH_2{=}CHCOOH + CH_3CH_2OH \underset{\triangle}{\overset{浓硫酸}{\rightleftharpoons}}$

*2.　$CH_3CH_2OH + $ $\underset{\triangle}{\overset{浓硫酸}{\rightleftharpoons}}$

第三节　酯

一、命名下列化合物或写出其结构式

1. $CH_2{=}CHCOOCH_3$　　　2. CH_3COOCH_2—　　　3. $HCOOCH_2CH_3$

4. $C_{17}H_{35}COOC_2H_5$　　　5. 甲基丙烯酸甲酯　　　6. 邻苯二甲酸二甲酯

二、填空题

1. 酯能发生_____反应，生成_____和_____。该反应是_____反应的逆反应。

2. 酯蜡是由_____和_____形成的酯。酯蜡都是固体，_____溶于水而_____有机溶剂，在人体内不能被_____水解，故无营养价值。

3. 蜂蜡又叫_____，属于_____蜡，存在于蜜蜂窝中，是工蜂腹部的蜡腺所分泌的用于建造蜂窝的主要物质。其结构式是_____。

三、选择题

1. 酯类的通式是（　　　）

    A. R—CO—R′　　　　　　　　　B. RCOOH

    C. R—O—R′　　　　　　　　　　D. R—COO—R′

2. $CH_3CH_2COOCH_2CH_3$ 的水解产物为（　　　）

    A. 乙酸和乙醇　　　　　　　　　B. 丙酸和乙醇

    C. 乙酸和丙醇　　　　　　　　　D. 丙酸和丙醇

四、完成下列聚合反应

$$n CH_2{=}\underset{\underset{CH_3}{|}}{C}{-}COOCH_3 \xrightarrow{催化剂}$$

第八章 聚 合 物

 知识要点

1. 聚合物的基本概念、结构类型、分类、命名及特性。
2. 各类聚合反应的特点。
3. 聚甲基丙烯酸甲酯、硅橡胶和环氧树脂的结构特点及其在口腔修复工艺中的应用。

在患者口腔中制取印模时，硅橡胶是一种比较理想的印模材料，硅橡胶在此过程中发生了什么化学变化？热凝树脂与自凝树脂的本质区别是什么？这些聚合物都有什么结构特点，有什么共同的特性，在使用过程中聚合反应如何发生？带着这些问题我们首先从聚合物的基本概念开始学习。

第一节 概 述

 知识回顾

1. 聚合反应：由低分子化合物相互结合生成高分子化合物的过程。
2. 醇的分子间脱水反应：醇与浓硫酸共热到140℃，发生分子间脱水反应。
3. 开环加成反应：环氧乙烷在催化剂的作用下可发生开环加成反应。

一、基本概念

高分子化合物（又称高分子）是指成千上万个原子以共价键连接而构成的大分子化合物，它们的相对分子质量一般在 10^4 以上。例如，塑料、橡胶、合成纤维等的相对分子质量很大，属于高分子化合物。而醇、醛、羧酸、酯等的相对分子质量，很少达到 10^3，一般称为低分子化合物。

虽然高分子的相对分子质量高达 10^4 以上，原子数多达 $10^3 \sim 10^5$，但它们的分子往往由许多简单的结构单元重复连接而成。合成的高分子化合物都是由一种或者几种低分子化合物聚合而成，因此又称为**高聚物**或**聚合物**。例如聚氯乙烯由氯乙烯聚合而成：

$$n\text{CH}_2\!=\!\text{CH} \longrightarrow \sim \text{CH}_2\text{CH}\!-\!\text{CH}_2\text{CH}\!-\!\text{CH}_2\text{CH}\!-\!\text{CH}_2\text{CH} \sim$$

$$\begin{array}{ccccc} \ \ \ \ | & \ \ | & \ | & \ | & \ | \\ \text{Cl} & \text{Cl} & \text{Cl} & \text{Cl} & \text{Cl} \end{array}$$

式中符号 ～ 代表碳链骨架，略去了端基。

从上式可以看出，组成聚氯乙烯的结构单元是 —CH₂—CH— ，为了方便，上式中

产物聚氯乙烯可缩写成： $\left[\text{CH}_2\!-\!\underset{\underset{\text{Cl}}{|}}{\text{CH}}\right]_n$ 。

这种组成聚合物的重复结构单元称为**链节**。每种聚合物中所包含的链节数（即 n）称为**聚合度**。像氯乙烯这种能聚合成聚合物的低分子化合物，称为**单体**。

实验证明，即使由同一种单体在相同的反应条件下聚合而成的聚合物，它们各个分子的聚合度是不一样的，也就是说，它们各个分子的相对分子质量不同。因此，聚合物实际上是相对分子质量大小不等的同一系列分子的混合物，这类化合物的相对分子质量只是一种**平均相对分子质量**。聚合物的这种性质和低分子化合物是不同的。

思考

试分析形成聚丙烯 $\left[\text{CH}_2\!-\!\underset{\underset{\text{CH}_3}{|}}{\text{CH}}\right]_n$ 的单体、结构单元、链节和聚合度。

二、聚合物的结构

聚合物的分子是一个个链节以共价键连接起来的，根据连接方式的不同，它们的结构可分为**线型结构**和**体型**（网状）**结构**两类。

（一）线型结构

线型结构是很多链节连接在一起形成的一条长链，例如由甲基丙烯聚合成的聚甲基丙烯：

$$\sim \text{CH}_2\!-\!\underset{\underset{\text{CH}_3}{|}}{\overset{\overset{\text{CH}_3}{|}}{\text{C}}}\!-\!\text{CH}_2\!-\!\underset{\underset{\text{CH}_3}{|}}{\overset{\overset{\text{CH}_3}{|}}{\text{C}}}\!-\!\text{CH}_2\!-\!\underset{\underset{\text{CH}_3}{|}}{\overset{\overset{\text{CH}_3}{|}}{\text{C}}}\!-\!\text{CH}_2\!-\!\underset{\underset{\text{CH}_3}{|}}{\overset{\overset{\text{CH}_3}{|}}{\text{C}}} \sim$$

它的分子是由大约 10^5 个 —CH₂—C(CH₃)₂— 链节连接起来的长链，其长度约为 2.53×10^{-5} m，而直径只有 5×10^{-10} m。这种结构就好像一根直径为 1mm、长度为 50m 的金属丝。由于所形成的聚合物长链中，原子与原子或链节与链节间都是以共价键相结合的，这些键大都是单键，形成单键的原子（或链节）间可以相对旋转。因此，在一般条件下，线型聚合物总是以柔软卷曲的形式存在，如图 8 - 1（a）所示。有些线型结构的聚合物还带有支链，如图 8 - 1（b），但它仍然是一个单独的分子。

线型结构（包括带支链）的聚合物，相对分子质量通常在 $10^4 \sim 10^6$ 之间，它们靠分

子间作用力相互吸引。

（a）线型　　　　　（b）支链型　　　　　（c）体型

图 8 – 1　聚合物分子形状

（二）体型结构

体型结构的聚合物可以看成是许多线型聚合物链上的官能团之间形成化学键，产生交联，形成的网状（或立体）结构，如图 8 - 1(c)，例如硫化橡胶。这种结构的聚合物的相对分子质量通常可以当作无穷大来考虑，其性质与线型聚合物有明显区别。

思考

试分析聚乙烯是线型结构还是体型结构。

三、聚合反应

由低分子单体合成聚合物的反应总称为**聚合反应**。有两种分类方法。

（一）按单体 – 聚合物结构变化分类

按聚合过程中单体 – 聚合物的结构变化，将聚合反应分成加成聚合反应（简称加聚反应）、缩合聚合反应（简称缩聚反应）和开环聚合反应三类。

1. 加聚反应　不饱和的单体通过双键加成而合成聚合物的反应称为**加聚反应**。加聚反应在反应过程中没有副产物生成，所得聚合物的化学组成与单体相同。例如聚甲基丙烯酸甲酯（有机玻璃）的合成：

$$n CH_2=\underset{\underset{COOCH_3}{|}}{\overset{\overset{CH_3}{|}}{C}} \xrightarrow{\text{催化剂}} \underset{\underset{COOCH_3}{|}}{\overset{\overset{CH_3}{|}}{\{CH_2-C\}_n}}$$

甲基丙烯酸甲酯　　　　聚甲基丙烯酸甲酯（有机玻璃）

不饱和的单体一般在引发剂或光、热等外界因素的影响下发生加聚反应。常用的引发剂有过氧化苯甲酰，它是一种有机过氧化物，受热时分解而引发加聚反应。很多单体在没有引发剂存在时，在紫外光的照射下也能迅速聚合。

像这种用一种单体进行的加聚反应，称为**均聚反应**，所得聚合物称为**均聚物**。例如，乙烯聚合成聚乙烯的反应也是均聚反应。如果用两种或两种以上的单体进行加聚反应，称为**共聚反应**，所得聚合物称为**共聚物**。例如甲基丙烯酸甲酯 – 丙烯酸乙酯共聚物的生成：

$$nCH_2{=}\underset{COOCH_3}{\overset{CH_3}{C}} + nCH_2{=}\underset{COOCH_2CH_3}{CH} \longrightarrow {\Big[}CH_2{-}\underset{COOCH_3}{\overset{CH_3}{C}}{-}CH_2{-}\underset{COOCH_2CH_3}{CH}{\Big]}_n$$

单烯类聚合物（如聚乙烯）为饱和聚合物，而双烯类聚合物（如聚甲基丙烯酸烯丙酯）聚合物中保留有双键，还可进一步反应。

思考

加聚反应有什么特点？试写出甲基丙烯酸甲酯和甲基丙烯酸乙酯的共聚反应方程式。

2. 缩聚反应 多官能团单体间通过官能团之间的缩合作用生成聚合物，同时失去低分子化合物（如水、氨、氯化氢等）的反应称为**缩聚反应**。缩聚反应所得聚合物称为**缩聚物**，其化学组成与单体不同。例如，由二甲基硅二醇聚合为硅橡胶的反应：

$$nHO{-}\underset{CH_3}{\overset{CH_3}{Si}}{-}OH \longrightarrow HO{\Big[}\underset{CH_3}{\overset{CH_3}{Si}}{-}O{\Big]}_nH + nH_2O$$

二甲基硅二醇   硅橡胶

思考

试比较加聚反应和缩聚反应的异同？

*3. 开环聚合反应 环状单体中的 σ 键断裂，聚合成线型聚合物的反应称作**开环聚合反应**。例如环氧乙烷开环聚合成聚氧乙烯：

$$nCH_2{-}CH_2 \longrightarrow {\Big[}O{-}CH_2{-}CH_2{\Big]}_n$$
$$\underset{O}{\diagdown\diagup}$$
聚氧乙烯

思考

比较开环聚合反应与加聚反应的异同？

*（二）按聚合机理分类

按聚合反应机理，聚合反应可分成连锁聚合反应和逐步聚合反应两大类。

1. 连锁聚合反应 连锁聚合反应是单体分子借助于引发剂、光能等活化成为单体自由基，单体自由基与单体分子反应生成新的自由基，这样一步步反应下去最终成为聚合物。连锁聚合反应的速率极快。多数烯类单体的加聚反应属于连锁聚合。例如，聚乙烯的生成可表示如下：

$$R \cdot + CH_2 = CH_2 \longrightarrow RCH_2—CH_2 \cdot \xrightarrow[CH_2=CH_2]{} RCH_2CH_2CH_2CH_2 \cdot \xrightarrow[CH_2=CH_2]{}$$

自由基1　　　乙烯　　　　自由基2　　　　　　　　自由基3

直至形成　$+CH_2—CH_2 +_n$　长链高分子。

引发剂是易于产生自由基的物质，常见的引发剂有无机或有机过氧化物，例如过氧化二苯甲酰等。上述聚合反应中常用 R· 代表这类自由基。

2. 逐步聚合反应　逐步聚合反应与连锁聚合反应不同，它的每一步反应是独立于前面的。聚合物的生成是由于单体分子内有一个以上的官能团可以相互反应，每反应一次，形成更大一点的分子，直至形成聚合物。逐步聚合反应的速率缓慢，有时需要几小时甚至几天。

对苯二甲酸和乙二醇反应生成聚对苯二甲酸乙二醇酯（涤纶、的确良），可作为这类反应的代表：首先是一分子乙二醇和一分子对苯二甲酸发生分子间脱水（酯化），形成二聚体；二聚体与单体反应，形成三聚体；二聚体相互反应，则形成四聚体。

$$HOCH_2CH_2OH + HOOC—\bigcirc—COOH \longrightarrow HOCH_2CH_2OOC—\bigcirc—COOH + H_2O$$

$$HOCH_2CH_2OOC—\bigcirc—COOH \xrightarrow{HOCH_2CH_2OH}$$

$$HOCH_2CH_2OOC—\bigcirc—COOCH_2CH_2OH + H_2O$$

如此反复，直至形成高分子。其反应表示如下：

$$n HOCH_2CH_2OH + n HOOC—\bigcirc—COOH$$

$$\longrightarrow H+OCH_2CH_2OOC—\bigcirc—CO +_n OH + n H_2O$$

思考

比较分析连锁聚合反应和逐步聚合反应的区别？指出聚对苯二甲酸乙二醇酯的结构单元和重复结构单元。

四、聚合物的分类和命名

（一）分类

聚合物的种类繁多，可以从不同角度对聚合物进行分类，按工艺性能可分为塑料、橡胶和纤维三大类。

1. 塑料　塑料是指可以进行塑性加工的聚合物，即加热至一定温度时受外力作用形状发生变化，冷却、去除外力后仍能保持受力时的形状。根据受热时所表现的特性，塑料又可分为热塑性塑料和热固性塑料两类。**热塑性塑料**受热时能软化或变形，可多次反复加热成型，如聚乙烯。**热固性塑料**在加工成型后，受热不能再软化或变形，不能多次加热成型，例如酚醛树脂就是一种热固性塑料。

2. 橡胶　橡胶是指具有可塑性，经加工能形成具有高弹性的聚合物。在外力作用下很容易变形，但去除外力后又能恢复原来的形状。橡胶又有**天然橡胶**和**合成橡胶**之分。

3. 纤维　纤维可以进行抽丝加工。分为**天然纤维**（如棉、毛、丝、麻等）和化学纤维。**化学纤维**包括人造纤维和合成纤维。**人造纤维**是将天然纤维经过化学加工后得到的纤维（如黏胶纤维）；**合成纤维**是由单体合成聚合物制成的纤维（如涤纶、腈纶等）。

知识拓展

树脂和塑料

天然树脂是动植物的分泌物，如松香、虫胶等。合成树脂是由低分子单体聚合而成的高分子聚合物。常温下为黏稠液体、半固体或固体，受热软化后呈塑性流动状态。

塑料是指以树脂为主要成分（一般占40%～100%），以增塑剂、润滑剂、着色剂、稳定剂等添加剂为辅助成分，在加工过程中具有塑性行为的材料。塑料经过吹塑、挤压、延伸或注射等加工，可制成各种塑料制品。

由于合成树脂是塑料的主要成分，而且塑料的性质往往由树脂来决定，所以人们常把树脂看成是塑料的同义词。

思考

塑料和橡胶的特点分别是什么？

（二）命名

聚合物的系统命名比较复杂，实际上很少使用。习惯上聚合物常根据制法、原料或按单体以及聚合物的结构等来命名。

1. 由一种单体合成的聚合物，在相应单体名称之前加"聚"字，例如聚乙烯、聚丙烯等。

2. 由两种单体合成的聚合物，如果是加聚物，则在两种单体名称之后加上"共聚物"，例如甲基丙烯酸甲酯－苯乙烯共聚物等；如果是缩聚物，一般在两种单体名称之后加上"树脂"二字，例如苯酚－甲醛树脂（简称酚醛树脂），有时按缩聚物的结构特征命名，如聚酯等。

3. 合成橡胶往往从共聚单体中各取一字，后缀"橡胶"二字来命名，如丁（二烯）苯（乙烯）橡胶、乙（烯）丙（烯）橡胶等。

除上述命名方法外，有些聚合物常用商业名称加以命名，如聚丙烯纤维、聚氯乙烯纤维分别称为丙纶、氯纶；聚对苯二甲酸乙二醇酯、聚丙烯腈的纤维分别称作涤纶、腈纶等，以"纶"字作为合成纤维商品名的后缀字。

思考

哪些聚合物名称中有"树脂"或"橡胶"？

五、聚合物的特性

（一）溶解性

线型聚合物可以溶解在适当的溶剂中。例如聚苯乙烯、聚甲基丙烯酸甲酯等能溶于氯仿、苯等有机溶剂。线型聚合物在适当溶剂中的溶解过程比低分子化合物要缓慢得多。它们溶解时，溶剂分子先渗入缠绕在一起的高分子之间，使聚合物膨胀，然后溶剂分子逐渐把高分子包围而分离，形成高分子化合物溶液。

体型结构的聚合物不能溶解，但交联程度较低的体型聚合物，在适当的溶剂中会出现膨胀现象。例如，从废旧轮胎等橡胶制品上刮下的橡胶，在汽油中会出现膨胀现象；而酚醛树脂等交联程度较大的聚合物，它们不能溶解，也不会膨胀。

（二）弹性

在通常情况下，线型聚合物的分子是卷曲的，当受到外力作用时，它们会更为卷曲或伸展，但外力消除时，这些分子又恢复到原来卷曲的形状，这种性质称为**弹性**。线型聚合物都有不同程度的弹性。

交联程度较低的体型聚合物也有弹性，如经过交联处理的橡胶。而交联程度很高的体型聚合物，则失去弹性而变得比较僵硬，如酚醛树脂、环氧树脂等。

（三）可塑性

线型聚合物受热至一定温度范围时开始软化，直到变为黏性的流动状态。此时，如受外力作用时它们会变形，冷却后去除外力也不能恢复原来的形状。这种加热时可熔融塑化、冷却时固化成型，加热又熔化的现象称为**可塑性**，又称**热塑性**。根据这一性质，线型聚合物可进行反复加工塑制。如聚乙烯、聚氯乙烯、聚苯乙烯、涤纶、尼龙等。

体型聚合物只是在制造过程中受热时能变软，可以塑制成一定的形状，但加工成型后就不会受热熔化，这种性质称为**热固性**，如酚醛树脂。当温度更高时，它们的化学键就会断裂，聚合物结构就被破坏。所以体型聚合物一经加工成型，就不能反复加工塑制。

（四）机械强度

聚合物的相对分子质量很大，分子间作用力很强，因此它们一般都有较强的抗拉、抗压、抗弯曲等性能，即机械强度较大。分子结构成体型的，强度显著增大。对于相同质量的不同材料而言，高分子材料一般强度较大。如果把 10kg 涤纶和碳钢各制成 100m 长的绳子悬吊重物，涤纶绳能吊起重物的质量为 12000kg，碳钢绳能吊起重物的质量为 6500kg。

除上述几种特性外，由于聚合物分子中主要是共价键，不电离，所以有良好的绝缘性。还有不透气、不透水等特性。

聚合物虽有许多优良特性，但也有些缺点。例如这类化合物一般不耐高温，易燃烧，易老化等。所谓**老化**，就是指聚合物受到光、热、氧、水、酸、碱等综合因素的影响，缓慢发生化学反应，而逐渐变硬、变脆从而丧失弹性，或逐渐变软、发黏而丧失机械强度，以致最后不能使用。老化过程中的化学反应主要有聚烯烃分子中双键的氧化反应，聚酰胺中的酰胺键和聚酯中的酯键等的水解反应。

> **思考**
>
> 你能列举出日常生活中聚合物老化的实例吗？

第二节　口腔修复工艺中常用的聚合物

一、聚甲基丙烯酸甲酯

（一）聚甲基丙烯酸甲酯的合成

1. 合成原理　聚甲基丙烯酸甲酯是由甲基丙烯酸甲酯单体发生加聚反应而生成的。甲基丙烯酸甲酯单体不稳定，常加有一些稳定剂或阻聚剂，例如氢醌。当甲基丙烯酸甲酯在过氧化物（例如过氧化二苯甲酰 BPO）的作用下，氢醌可被氧化为对苯醌失去稳定作用，同时过氧化物（BPO）会使甲基丙烯酸甲酯的碳碳双键打开发生加聚反应，生成聚甲基丙烯酸甲酯（PMMA）。

【实验 8 −1】　在干燥的大试管中加入 0.05g（单体质量的 1%）过氧化二苯甲酰，然后加入 5g（即 5mL）甲基丙烯酸甲酯。待过氧化二苯甲酰完全溶解后，水浴加热至 70℃ ~80℃，反应 20 ~30 分钟，当体系呈蜜糖状时，立即取出放入冷水浴骤然降温至 40℃以下，然后再次升温至 60℃以上，约 1 小时后，观察所发生的现象。

实验结果，可以观察到光滑、无色透明的聚合物生成。

甲基丙烯酸甲酯的聚合反应方程式如下：

$$n CH_2{=}C\overset{\displaystyle CH_3}{\underset{\displaystyle COOCH_3}{|}} \xrightarrow{\ BPO\ } {\Large[} CH_2{-}C\overset{\displaystyle CH_3}{\underset{\displaystyle COOCH_3}{|}} {\Large]}_n$$

甲基丙烯酸甲酯　　　　　聚甲基丙烯酸甲酯（有机玻璃）

*2. 反应机理 甲基丙烯酸甲酯的聚合反应过程如下：

（1）链引发 微量引发剂过氧化二苯甲酰在加热至 70℃ ~ 80℃时，可分解形成自由基（R·）：

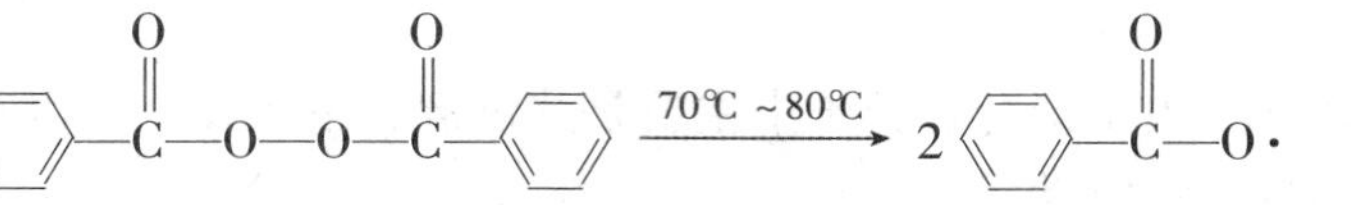

自由基（R·）再引发甲基丙烯酸甲酯（MMA）产生单体自由基：

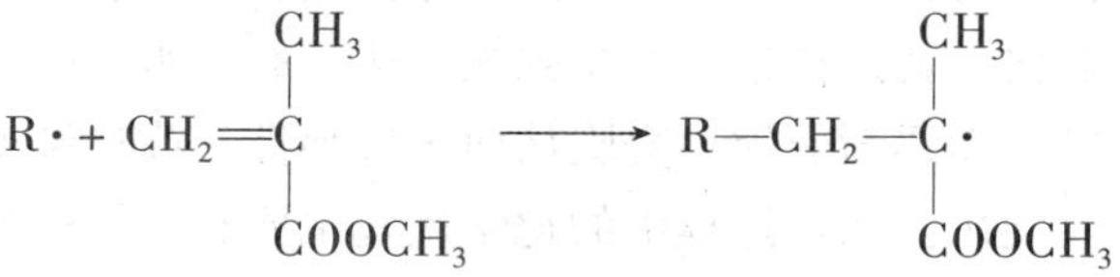

即：R· + MMA —— R—MMA· （单体自由基）

（2）链增长 单体自由基具有继续打开其他单体碳碳双键的能力，形成新的链自由基，如此反复进行链增长，并且放出热量。

R—MMA· $\xrightarrow{MMA}$ R—MMA—MMA· $\xrightarrow{MMA}$ R—MMA—MMA—MMA·

（3）链终止 两个链状自由基相遇时，单电子消失而使链终止，形成最终聚合物。

R—MMA—MMA—MMA ~ · + R—MMA—MMA—MMA ~ · ——→最终聚合物

知识链接

PMMA 产品变黄的原因

在聚合反应发生的过程中，当链增长进行到一定程度时，体系黏度大大增加，大分子链的移动困难，链自由基的终止受到限制，而单体分子扩散受到的影响不大，链引发和链增长反应照常进行，结果使聚合反应速率加快，出现自动加速效应。更高的聚合速率导致更多的热量生成，如果热量不能及时散去，会造成局部过热，使产品变黄，出现气泡，影响产品质量和性能，甚至会引起单体沸腾爆聚，使聚合失败。因此，聚合反应中严格控制不同阶段的反应温度，及时排出聚合产生的热量，是聚合反应成功的关键。在加热至 70℃ ~ 80℃，反应进行约 20 ~ 30 分钟，体系呈现蜜糖状时，要立即取出，这时放入冷水浴骤然降温至 40℃以下，使聚合反应缓慢进行，防止自动加速效应的出现。然后再次升温至 60℃以上，使单体完全转化。

（二）聚甲基丙烯酸甲酯的性质和用途

聚甲基丙烯酸甲酯（PMMA）又称**有机玻璃**，密度为 1.198g/cm^3，不溶于醇和烷烃，易溶于苯、乙酸乙酯、丙酮、氯仿等有机溶剂及本身单体中。它的化学性质稳定，机械强度大，耐冲击，不易碎裂。

聚甲基丙烯酸甲酯无毒，对人体无刺激，是常用的医用聚合物，可用来制作人工颅骨、人工关节、人工骨骼等。在口腔修复工艺中，常用聚甲基丙烯酸甲酯作为基质，与单体甲基丙烯酸甲酯按一定比例调和，来制作义齿基托（彩图 3 及彩图 11）和各种修复体等。在聚合时加入增塑剂和软化剂，还可得到软性塑料，作为基托衬层材料。

知识链接

PMMA 在口腔修复工艺中的应用

在口腔修复工艺中，聚甲基丙烯酸甲酯树脂及其改性产品主要用于制作义齿基托材料，常见的有加热固化型（热凝树脂）和室温固化型（自凝树脂）。除此之外，它还可用于软衬材料等。

1. 热凝树脂

（1）组成　热凝树脂一般由牙托粉（粉剂）和牙托水（液剂）两部分组成。①牙托水：其主要成分是甲基丙烯酸甲酯（MMA），其中加有阻聚剂（例如对苯二酚）。②牙托粉：其主要成分是甲基丙烯酸甲酯的均聚粉或共聚物，例如甲基丙烯酸甲酯－丙烯酸丁酯（MMA－BA）的共聚粉，甲基丙烯酸甲酯－丙烯酸甲酯（MMA－MA）的共聚粉等。在牙托粉中还加有引发剂过氧化二苯甲酰（BPO）。

（2）聚合过程　①溶解：当牙托粉和牙托水按一定比例调和后，牙托水缓慢地渗入到牙托粉颗粒内，使颗粒溶胀；②引发：当加热到 $68℃ \sim 74℃$ 时，牙托粉中的引发剂（过氧化二苯甲酰）发生热分解，产生自由基；③单体聚合：自由基可以打开甲基丙烯酸甲酯中的双键，引发甲基丙烯酸甲酯进行连锁式的自由基聚合；④成型：单体形成的聚合物与粉剂溶解后的聚合物相互缠绕或交联，最终形成坚硬的义齿基托。

2. 自凝树脂　自凝树脂与热凝树脂所不同的是牙托水中除了加有阻聚剂以外，还加入了一些促进剂（例如 N，N－二甲基对甲苯胺等叔胺类物质）。当牙托粉与牙托水调和时，叔胺和过氧化二苯甲酰在室温下就能发生剧烈的氧化还原反应，过氧化二苯甲酰释放出自由基，引发聚合反应的发生。

3. 软衬材料　聚丙烯酸酯类物质与基托树脂属同类聚合物，用它们作为软衬材料，在粘接的界面容易互溶，因此能与 PMMA 基托形成较良好的结合。但这类材料含有大量的增塑剂，当材料浸入水中或唾液时，增塑剂就会慢慢地从材料中析出，可能会对人体造成危害。

二、硅橡胶

线型硅橡胶是半透明的胶状体，实际应用时常加入有机过氧化物等使其交联，成为网状结构的弹性体，从而增大强度，并使其具有橡胶的弹性。例如在口腔修复工艺中，常用的端羟基二甲基硅橡胶在催化剂作用下，与硅酸乙酯发生缩聚反应，由线型聚合物交联成网状聚合物——硅橡胶弹性体，同时生成副产物乙醇。其方程式如下：

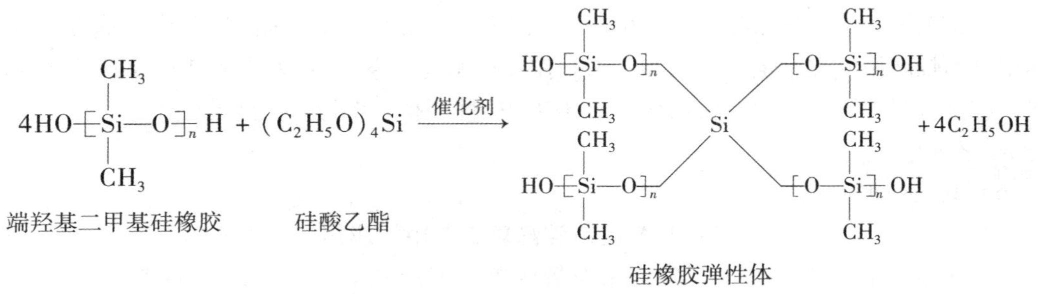

$$4HO{\left[\begin{matrix}CH_3\\Si\\CH_3\end{matrix}\\-O\right]}_n H + (C_2H_5O)_4Si \xrightarrow{催化剂} \quad +4C_2H_5OH$$

端羟基二甲基硅橡胶　　　　硅酸乙酯

硅橡胶弹性体

硅橡胶无毒性，无味，具有良好的生物相容性，化学稳定性高，不易老化，表面光滑，易加工成型，常作为口腔修复工艺中的印模材料、义齿软衬材料、颌面缺损修复和整容材料等。

知识链接

硅橡胶印模材料的聚合反应

作为弹性不可逆印模材料的硅橡胶，其聚合反应分为室温缩合型和加成聚合型：

一、室温缩合型

其组成主要有：端羟基二甲基硅橡胶、交联剂硅酸乙酯、催化剂辛酸亚锡及填料。在催化剂辛酸亚锡的作用下，端羟基二甲基硅橡胶与硅酸乙酯发生缩聚反应，由线型聚合物交联成网状聚合物，同时伴有副产物乙醇的生成。

室温缩合型硅橡胶具有良好的化学稳定性，在弱酸、弱碱、生理盐水中，性能几乎没有变化，经高压煮沸灭菌后性能不变。

二、加成聚合型

其主要成分是甲基乙烯基硅橡胶。由于甲基乙烯基硅橡胶的侧链上增加了双键，乙烯基双键发生的是加成反应，此过程没有低分子物质生成。所以加成型硅橡胶印模材料的稳定性优于缩合型，印模的精确度更高。

思考

为什么硅橡胶印模材料是不可逆的弹性印模材料？

*三、环氧树脂

环氧树脂泛指分子中含有两个或两个以上环氧基团的有机高分子化合物，以分子链中含有活泼的环氧基团为结构特征，环氧基团可以位于分子链的末端或者中间。环氧树脂的品种繁多，其中二酚基丙烷型环氧树脂（简称双酚 A 型环氧树脂）是最主要的品种。它是由二酚基丙烷［又称2,2 - 二（4 - 羟基苯基）丙烷］与环氧氯丙烷为主要原料缩聚而成的。缩聚反应可用下式表示：

$$nHO-\!\!\!\!\bigcirc\!\!\!\!-\overset{\overset{\displaystyle CH_3}{|}}{\underset{\underset{\displaystyle CH_3}{|}}{C}}-\!\!\!\!\bigcirc\!\!\!\!-OH + nCl-CH_2-CH-CH_2$$

二酚基丙烷   环氧氯丙烷

$$\longrightarrow \left[O-\!\!\!\!\bigcirc\!\!\!\!-\overset{\overset{\displaystyle CH_3}{|}}{\underset{\underset{\displaystyle CH_3}{|}}{C}}-\!\!\!\!\bigcirc\!\!\!\!-O-CH_2-CH-CH_2 \right]_n + nHCl$$

二酚基丙烷型环氧树脂实际上是含有不同聚合度的高分子的混合物，除个别外，它们的相对分子质量都不高。其中大多数分子是含有两个环氧基端的线型结构。其结构如下：

$$CH_2-CH-CH_2\left[O-\!\!\!\!\bigcirc\!\!\!\!-\overset{\overset{\displaystyle CH_3}{|}}{\underset{\underset{\displaystyle CH_3}{|}}{C}}-\!\!\!\!\bigcirc\!\!\!\!-O-CH_2-CH-CH_2\right]_n$$

$$-O-\!\!\!\!\bigcirc\!\!\!\!-\overset{\overset{\displaystyle CH_3}{|}}{\underset{\underset{\displaystyle CH_3}{|}}{C}}-\!\!\!\!\bigcirc\!\!\!\!-O-CH_2-CH-CH_2$$

环氧树脂为无色黏稠液体，属于一种热塑性树脂，在未加固化剂前，无使用价值，加入固化剂后，与环氧基作用可生成体型的热固性树脂。常用的固化剂有脂肪胺（例如乙二胺）、芳香胺、聚酰胺、酸酐和叔胺等。另外，在光引发剂或紫外线的作用下也能使环氧树脂固化。

环氧树脂和固化剂的反应是通过分子中环氧基的开环聚合反应来进行的，没有水或其他挥发性副产物放出。固化后的树脂无臭、无味、无毒性，有良好的黏着力，收缩性低，尺寸稳定，所以在口腔修复工艺中主要作为模型材料。

 归纳与整理

一、基本概念

高分子化合物：指相对分子质量在 10^4 以上的大分子化合物，简称高分子。

聚合物：指由一种或者几种低分子化合物聚合而成的高分子化合物。

单体：能聚合成聚合物的低分子化合物。

链节：组成聚合物的重复结构单元。

聚合度：每个聚合物中所包含的链节数（即 n）。

二、聚合物的结构

1. 线型结构：仍是一个单独的分子，相对分子质量通常在 $10^4 \sim 10^6$ 之间。

2. 体型结构：无单独的分子，相对分子质量无穷大。

三、聚合反应

聚合反应 {
加聚反应　①参加反应的单体中有双键；②反应过程中没有副产物生成；
　　　　　③聚合物的化学组成与单体相同。

缩聚反应　①单体中不一定有双键；②反应过程中有低分子副产物生成；
　　　　　③聚合物的化学组成与单体不相同。

开环聚合反应　环状单体中的 σ 键断裂发生聚合。
}

四、聚合物的分类　聚合物可分为塑料、橡胶和纤维三大类。

五、聚合物的命名　①相应单体名称之前加"聚"字；②两种单体名称之后加"共聚物"；两种单体名称之后加"树脂"；③共聚单体中各取一字，后缀加"橡胶"。

六、聚合物的特性　①溶解性；②弹性；③可塑性；④机械强度；⑤老化。

七、常用的聚合物　聚甲基丙烯酸甲酯用于制作义齿基托、基托衬层材料。硅橡胶是良好的印模材料。环氧树脂可用于模型材料。

自我检测

一、填空题

1. 聚合物的分子结构主要分为_____结构和_____结构两类。

2. 按单体－聚合物的结构变化，聚合反应一般分为_____反应、_____反应和_____三类。按聚合机理，聚合反应可分成_____和_____两大类。

3. 根据受热时所表现出的特性，塑料可分为_____性塑料和_____性塑料。

二、选择题

A 型题

1. 聚合物的相对分子质量通常在（　　　）

　　A. 10^3 左右　　　　　　　　　　　B. 10^4 以上

　　C. $10^3 \sim 10^5$ 之间　　　　　　　　D. 10^6 以上

2. 在聚合物中，使原子结合在一起的化学键是（　　　）

　　A. 离子键　　　　　　　　　　　　B. 配位键

　　C. 共价键　　　　　　　　　　　　D. 金属键

3. 下列关于聚合物的叙述，错误的是（　　　）

　　A. 聚合物是由许多重复结构单元连接构成的

　　B. 聚合物是由许多链节连接构成的

　　C. 聚合物是由单体聚合而成的

　　D. 聚合物是由许多单体连接构成的

4. 下列说法中正确的是 （   ）

　　A. 聚合物都有弹性

　　B. 聚合物都能溶于有机溶剂

　　C. 高分子材料的强度一般比相同质量的其他材料强度大

　　D. 聚合物都有可塑性

B 型题

　　A. 线型结构　　　　　　　　　　B. 支链型结构

　　C. 交联程度低的体型结构　　　　D. 交联程度高的体型结构

5. 不能溶解但在适当的溶剂中会膨胀的是 （   ）

6. 比较坚硬没有弹性的是 （   ）

三、简答题

1. 比较加聚反应和缩聚反应的异同。

2. 举例说明单体、结构单元、重复结构单元、均聚物、共聚物等名词的含义，以及它们之间的相互关系和区别。

3. 写出下列单体的聚合反应方程式以及聚合物的名称。

　　（1）丙烯

　　（2）甲基丙烯酸甲酯

　　（3）二甲基硅二醇

　　*（4）环氧乙烷

4. 按下列聚合物分子式写出单体名称及聚合反应方程式，说明属于加聚反应、缩聚反应还是开环聚合反应。

（1） 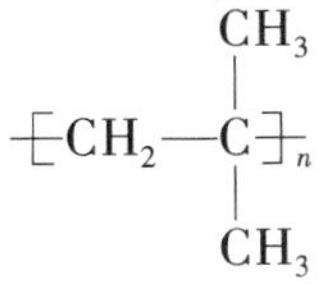　$\left[CH_2-\underset{\underset{CH_3}{|}}{\overset{\overset{CH_3}{|}}{C}}\right]_n$

（2）　$\left[CH_2C=CH-CH_2\right]_n$ 下 CH_3

*（3）　$\left[OCH_2CH_2O-\overset{O}{\overset{\|}{C}}-\bigcirc-\overset{O}{\overset{\|}{C}}\right]_n$

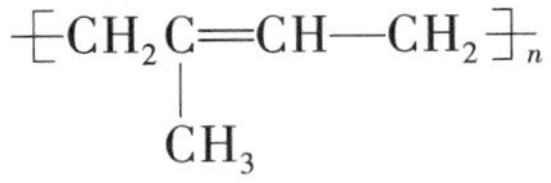

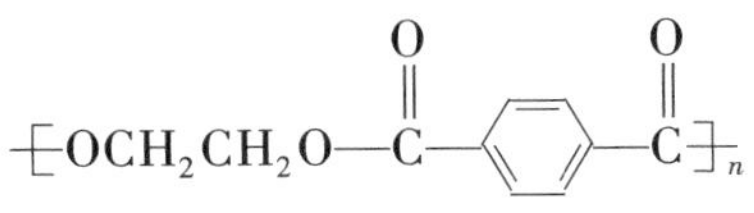

实践指导

　　化学是一门以实验为基础的自然科学。通过实验，我们可以亲自动手进行实验技能操作，从而有效地验证和加深对所学知识的理解，检查教学目标的达成度。通过实验还可以培养和提高自己的观察能力、动脑和动手能力，提高分析问题的能力，培养实事求是的科学态度和严谨治学、一丝不苟的工作作风。

一、化学实验常用仪器简介

名称	一般用途	使用注意事项
试管	1. 盛少量试剂 2. 用作少量试剂的反应容器 3. 制取或收集少量气体	1. 可直接在火焰上加热。加热前揩干试管外壁，把试管用试管夹（或铁夹）夹住 2. 加热固体试剂（易熔化的除外），管口稍向下倾斜，先使试管均匀受热，再固定部位加热 3. 加热液体时，管口要向上倾斜，与桌面成45°角，所盛液体体积不超过试管容积的1/3 4. 振荡试管时，应使试管下部左右摆动
烧杯	1. 溶解物质 2. 接收滤液 3. 进行较多量物质间的反应	1. 不可直接用火加热，加热需垫上石棉网 2. 加热前揩干烧杯底部的水滴 3. 用玻璃棒搅拌杯内物质时，要轻轻搅动，避免损坏烧坏
石棉网	使容器均匀受热	1. 根据需要选用适当大小的石棉网 2. 不能与水接触，以免石棉脱落和铁丝锈蚀
酒精灯	常用热源之一	1. 用前应检查灯芯和酒精量（若酒精少于容积的1/4，应通过小漏斗添加酒精，但不超过容积的3/4） 2. 用火柴点燃，禁止用燃着的酒精灯去点另一盏酒精灯 3. 不用时应立即用灯帽盖灭

续表

名称	一般用途	使用注意事项
角匙	取用少量固体试剂	1. 保持干燥、清洁 2. 取完一种试剂后，应洗净干燥后再使用
研钵	研细固体物质	1. 不能加热或用作反应容器 2. 只能研磨、挤压，勿敲击 3. 盛固体物质的量不宜超过研钵容积的 1/3 4. 不能将易爆物质混合研磨
滴管	1. 吸取或滴加少量液体 2. 吸取沉淀上清液	1. 滴加试剂时，滴管口要垂直向下，不要接触容器壁 2. 保持滴管清洁，勿将干净滴管放在桌面上
滴瓶	盛放液体试剂（棕色滴瓶用于盛放见光不稳定的试剂）	1. 滴管与滴瓶应配套，用后立即将滴管插入原滴瓶 2. 不能长时间存放强碱液，以免滴管与瓶颈黏结
试剂瓶	广口试剂瓶用于存放固体试剂；细口试剂瓶用于存放液体试剂；不带磨口塞子的广口瓶可用作集气瓶	1. 不能用火加热 2. 瓶塞不要互换 3. 不能作反应容器 4. 盛放强碱溶液时应使用橡皮塞 5. 不用时应洗净并在磨口塞与瓶颈间垫上纸条
量筒、量杯	用于粗略地量取一定体积的液体	1. 读数时，视线应与凹液面最低点保持水平 2. 不能用火加热 3. 不能作反应容器
试管夹	加热试管时夹试管用	1. 加热时，夹住距离管口约 1/3 处 2. 防烧损 3. 手握试管夹的长把柄

续表

名称	一般用途	使用注意事项
试管刷	洗涤试管等一般玻璃仪器	小心试管刷顶端的铁丝撞破试管底

二、化学实验室规则

（一）实验规则

1. 实验前，应认真预习实验教材和复习课文的有关内容，明确实践目标，弄清实验步骤、操作方法、有关原理和注意事项。

2. 实验开始前，要检查实验用品是否齐全，如有缺少，应报告教师。

3. 实验过程中，要严格按照教材所规定的步骤、试剂的规格和用量进行实验。

4. 在实验室，必须注意安全，严格遵守操作规程和实验室安全规则。谨慎、妥善地处理腐蚀性药品和易燃有毒物质。实验进行时不得擅自离开操作岗位。

5. 要爱护公物和仪器设备，注意节约试剂和水电。实验室里一切物品不得携出实验室室外。如有损坏仪器要报告教师，办理登记换领手续。

6. 实验过程中，要保持实验台面和地面的整洁。做完实验后，要把仪器洗刷干净，放回原处。整理好药品和实验台。废纸、火柴梗和废液等应放入废物桶内，严禁倒入水槽或随地乱扔。

7. 做完实验后，要根据实验教材的要求，认真写出实验报告。

（二）使用试剂规则

1. 取试剂时应看清瓶签上的名称与浓度，切勿拿错。试剂不得与手接触。

2. 试剂应按规定量取用。取出的试剂未用完时不得倒回原瓶，应倒入教师指定的容器中。

3. 取用固体试剂应使用干净药匙。用过的药匙须洗净后才可再次使用。试剂用后应立即盖好瓶盖，以免盖错。

4. 取用液体试剂应使用滴管或吸管。滴管应保持垂直，不可倒立，防止试剂接触橡皮帽而污染试剂，用完后立即插回原瓶。滴管不得触及所使用的容器壁。同一吸管在未洗净时，不得在不同的试剂瓶中吸取试液。

实践一　化学实验基本操作

【实践目标】

1. 明确并自觉遵守化学实验室规则。
2. 会进行试管、烧杯等玻璃仪器的洗涤和干燥。
3. 正确使用托盘天平和量筒等仪器。
4. 了解酒精喷灯的构造、使用方法、火焰各区域温度的高低及各区域火焰的性质。

【实践用品】

试管　试管夹　试管刷　烧杯　酒精灯　托盘天平及砝码　药匙　量筒　滴管　去污粉　铬酸洗液　石膏粉　蒸馏水　坩埚夹　铁丝网　大头针（或细铁丝）　小块纸板　铜片　火柴

【实践内容和步骤】

一、玻璃仪器的洗涤和干燥

1. 洗涤　为了保证实验结果的准确性，实验所用的玻璃仪器都应该洁净，所以，要学会玻璃仪器的洗涤方法。

应根据实验要求、污物性质和污染程度选用适当洗涤方法。

（1）用水刷洗：一般的玻璃仪器可先用自来水冲洗，再用试管刷刷洗。刷洗时，将试管刷在器皿里转动或上下移动，然后再用自来水冲洗几次，最后用少量蒸馏水淋洗1~2次。此方法可洗去器皿上的可溶物，但往往洗不去油污和有机物质。

（2）用去污粉（或洗衣粉）洗：先把器皿用水润湿，用试管刷蘸少量去污粉刷洗，再依次用自来水、蒸馏水冲洗，此法适宜洗涤油污。

（3）用铬酸洗液洗：如果仪器污染严重，可用铬酸洗液洗涤。洗液有强烈的腐蚀性，使用时要注意安全，防止溅到皮肤或衣服上。

把洗涤过的仪器倒置，如果观察内壁附有一层均匀的水膜，证明已洗干净；如果挂有水珠，表明仍有残存油污，还要洗涤。

2. 干燥

（1）晾干：不急等用的仪器可放置于干燥处，任其自然晾干。

（2）烘干：把仪器内的水倒干后放进电烘箱内烘干。

（3）烤干：急用的烧杯、蒸发皿可置于石棉网上用小火烤干；试管可直接烤干，但要从底部加热，试管口向下，以免水珠倒流炸裂试管。不断来回移动试管，不见水珠后，将试管口向上赶尽水汽。

（4）吹干：带有刻度的计量仪器，不能用加热的方法进行干燥，而应在洗净的仪器中加入少量易挥发的有机溶剂（酒精或酒精与丙酮按体积比1:1的混合物），用电吹风吹干，如不急用可晾干。

二、托盘天平的使用

托盘天平（图1）用于精密度不高的称量，能称准到0.1g。它附有一套砝码，放在砝码盒中。砝码的总重量等于天平的最大载重量。砝码须用镊子夹取。托盘天平使用步骤如下：

1. 调零点　在称量前，先检查天平的指针是否停在标尺的中间位置，若不在中间，可调节天平下面的旋钮，使指针指在标尺中间的零点。

2. 称量　左盘放物品，右盘放砝码。如果要称量一定质量的药品，则先在右盘加够砝码，在左盘加减药品，使天平平衡；如果要称量某药品的质量，则先将药品放在左盘，在右盘加减砝码，使天平至平衡为止。有些托盘天平附有游码及刻度尺，称少量药品可用游码，刻度尺上每一大格表示1g。

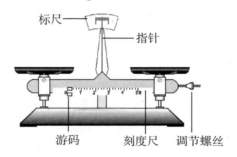

图1　托盘天平

称量时不可将药品直接放在天平托盘上，可在两盘放等量的纸片或用已称过质量的小烧杯盛放药品。

3. 称量后　称量后把砝码放回砝码盒中，并将天平两盘重叠一起，以免天平摆动磨损刀口。

三、量筒的使用

量筒（图2）是常用的有刻度的量器，用于较粗略地量取一定体积的液体，可根据需要选用不同容积的量筒，可准确到0.1mL。

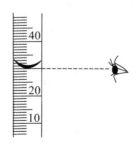

图2　视线与量筒的关系

量取液体时，应使视线与量筒内液体凹液面最低点处于同一水平，凹液面所切的刻度为所取溶液的体积。若视线偏高或偏低都会造成误差。量筒不得加热，也不可作反应容器。

四、火焰的认识

1. 火焰的温度　在酒精灯火焰中，各部分的温度高低如图3。

（1）将铁丝网平放在火焰中，从火焰上部慢慢向下移动，注意铁丝网变成红热部分的面积和光亮程度变化。

（2）将厚卡纸用水浸湿后，使其一边向下，垂直穿过火焰，把火焰平均分成两部分，当纸片有焦灼的倾向时，取出纸片，观察纸片焦灼的情况。

（3）取一根火柴，用大头针从火柴头下横穿过，把针架在灯管上，使火柴头露在外边，位于灯管的中心上方（图4）。然后将灯点燃，注意灯是否可以燃烧一段时间而火柴不致着火？

根据实验（1）、（2）、（3）的结果，作出火焰各层温度高低的结论。

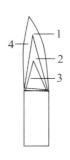

图3　火焰结构　　　　　　　　　　图4　火焰温度实验

1. 氧化焰：黄色的氧化性外焰（富含氧）；

2. 还原焰：蓝紫色的还原性内焰；3. 焰心；4. 温度最高处

2. 火焰的性质　用坩埚夹夹住一块铜片，使一边向下，竖直穿过火焰。观察铜片在各层火焰中表面的颜色。注意哪部分火焰有氧化作用（生成黑色氧化铜）？哪部分火焰有还原作用（恢复成光亮的金属铜）？

根据上面实验作出火焰各层性质的结论。

【问题讨论】

1. 玻璃仪器的洗涤方法有哪些？何以说明仪器已洗涤干净？

2. 酒精灯的火焰分几层？各层的温度和性质如何？如何验证？

实践二 原电池原理 电化学腐蚀及电镀

【实践目标】

1. 了解原电池原理和金属的电化学腐蚀。
2. 加强对电镀原理的认识。

【实践用品】

导线（带夹子） 灵敏电流表 直流电源 砂纸 稀硫酸 粗锌粒（或在 $CuSO_4$ 溶液中浸过的锌粒，使表面附有铜） 纯锌粒 锌片 铜片 除油液（2mol/L NaOH）除锈液（6mol/L HCl） 硫酸铜溶液 铁片

【实践内容和步骤】

一、原电池原理

1. 用导线将灵敏电流表的两端分别与纯净的锌片和铜片相连接。将锌片与铜片接触（如图 5 所示），观察锌片与铜片接触时是否有电流通过？为什么？

图 5　用灵敏电流表检验锌片与铜片间是否有电流通过

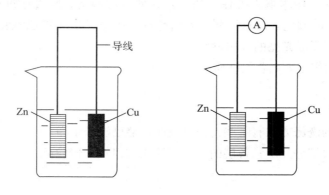

图 6　铜－锌原电池

2. 把一块纯净的锌片插入盛有稀硫酸的烧杯里，观察现象。再平行地插入一块铜片，观察铜片上有没有气泡产生？用导线把锌片和铜片连接起来（如图6），观察铜片上有没有气泡产生？

3. 用导线连接灵敏电流表的两端后，再与溶液中的锌片和铜片相连接，判断导线中有无电流通过？

二、金属的电化学腐蚀

1. 在一支试管里放一小粒纯净的锌，在另一支试管里放一小粒含有杂质的粗锌，然后在 2 支试管里各注入 2mL 稀硫酸。观察发生的现象，哪支试管里的反应进行得较为剧烈？为什么？

2. 在上述实验中盛有纯净锌和稀硫酸的试管里，加入少量的 $CuSO_4$ 溶液，观察有什么现象发生？为什么？

三、电镀

1. **镀前处理**　铁片先用砂纸打磨光亮，除油，除锈。

2. **电镀液**　$CuSO_4$ 溶液（在溶液中加有一些氨水）。

3. **电镀**　如图7，连接好装置，控制电流密度在 $0.6A/dm^2$ 左右，电镀 7 ~ 10 分钟，取出镀件用水冲洗。观察铁片和铜片发生的现象。写出电极反应方程式。

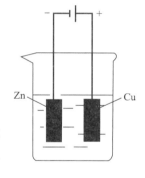

图 7　电镀

【问题讨论】

1. 根据实验结果，说明应怎样装配原电池。如果用铁片代替锌片做原电池原理实验，会有什么现象发生？如果用导线连接一个电流表，又会有什么现象发生？

2. 你能找出在口腔中由电化学腐蚀引起义齿变化的实例吗？

3. 为什么金属在电镀前要进行预处理？

实践三　浓硫酸的特性及石膏的性质

【实践目标】

1. 掌握浓硫酸特性的实验操作。
2. 加强对石膏性质的认识。

【实践用品】

试管　试管夹　小烧杯　酒精灯　白纸　玻璃棒　稀硫酸　浓硫酸　铜片　蓝色石

蕊试纸　橡皮碗　熟石膏　蒸馏水　天平　量筒

【实践内容和步骤】

一、浓硫酸的特性

1. 氧化性　取试管 2 支，各放入铜片 1 块。在第 1 支试管中加入浓硫酸 2mL，用酒精灯加热（试管口不要对着人），并用湿润的蓝色石蕊试纸在试管口（不触及试管）检查所生成气体，有何现象？片刻后停止加热，待试管冷却后，将试管内溶液倒入盛有 5mL水的另一支试管中，观察溶液的颜色。解释所发生的现象。写出反应的化学方程式。

在第 2 支试管中，加入稀硫酸 2mL，加热片刻，观察有无变化？说明原因。

2. 脱水性　用玻璃棒蘸取浓硫酸在白纸（下面垫点滴板）上写字，观察字迹颜色的变化，说明原因。

3. 浓硫酸的稀释　在小烧杯中加入蒸馏水 4mL，然后小心地沿着烧杯壁滴加浓硫酸 20 滴，边加边搅拌，然后用手触摸烧杯外壁，可知浓硫酸被水稀释放出大量的热。

二、石膏的性质

1. 用量筒量取 40mL 蒸馏水倒入干净的橡皮碗内。
2. 用天平称取 100g 熟石膏粉，徐徐加入上述橡皮碗中，用调刀调和 1 分钟，使之均匀。1 小时后，观察碗内发生的变化。触摸碗外，感觉反应过程中的热量变化。

【问题讨论】

为什么不能在浓硫酸中加水进行浓硫酸的稀释？

实践四　琼脂凝胶与溶胶的转化

【实践目标】

1. 了解琼脂凝胶的制取原理。
2. 认识琼脂凝胶与溶胶的转化过程。

【实践用品】

天平　量筒　大烧杯　小烧杯　玻璃棒　铁架台　石棉网　酒精灯　温度计　蒸馏水　琼脂粉

【实践内容和步骤】

一、琼脂凝胶的制取

1. 用量筒量取 20mL 蒸馏水倒入小烧杯中。

2. 用天平称取 0.5g 琼脂粉，加入上述小烧杯中。

3. 用酒精灯加热，并不断用玻璃棒搅拌，直至生成透明的胶体溶液。

4. 将上述胶体溶液放入冷水浴中冷却，约 5 分钟，即可观察到具有弹性的琼脂凝胶。

二、琼脂凝胶与溶胶的转化

1. 用酒精灯加热上述形成的琼脂凝胶，加热至 60℃～70℃时，可发现凝胶逐步软化并转化为溶胶。

2. 将上述溶胶放入冷水浴中冷却到 36℃～40℃时，可发现琼脂溶胶又开始转化为凝胶。

【问题讨论】

试分析琼脂凝胶与溶胶转化的原因。

实践五　甲基丙烯酸甲酯的聚合反应

【实践目标】

1. 了解聚合反应的特点。
2. 了解温度对甲基丙烯酸甲酯聚合反应的影响。

【实践用品】

天平　量筒　大试管　试管夹　大烧杯　铁架台　石棉网　酒精灯　锡纸　软木塞　温度计　甲基丙烯酸甲酯　过氧化二苯甲酰（BPO）

【实践内容和步骤】

1. 取一支大试管，用洗液、自来水和蒸馏水依次洗干净，烘干备用。

2. 用天平称取 0.05g（单体质量的 1%）过氧化二苯甲酰，放入大试管中。

3. 用天平称取 5g 甲基丙烯酸甲酯（或者用量筒量取 5mL），加入上述大试管中，待过氧化二苯甲酰完全溶解后，用包锡纸的软木塞盖上，水浴加热至 70℃～80℃，反应 20～30 分钟，当体系呈蜜糖状时，立即取出放入冷水中冷却。

4. 再将上述试管放入水浴中，升温至 60℃～100℃，保持约 1 小时后，任其自然冷却，观察现象。

【问题讨论】

试讨论甲基丙烯酸甲酯发生聚合反应的特点。

参 考 文 献

1. 人民教育出版社化学室．化学．第 1 版．北京．人民教育出版社．2001.

2. 蒋大惠．化学．第 3 版．西安．陕西科学技术出版社．1997.

3. 杜广才．医用化学．第 3 版．北京．人民卫生出版社．1980.

4. 陆佩文．无机材料科学基础．第 1 版．武汉．武汉理工大学出版社．1996.

5. 陈治清．口腔材料学．第 3 版．北京．人民卫生出版社．1995.

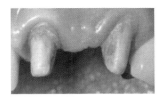

彩图 1 口腔中的缺失牙

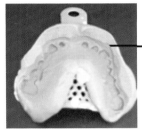

硅橡胶
琼脂
藻酸盐

（1）制取印模

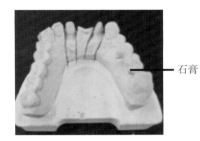

石膏

（2）灌注模型

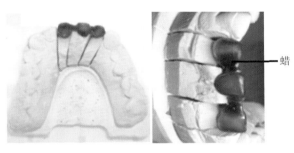

蜡

（3）制作蜡型

（4）包埋 失蜡

金属

（5）铸造

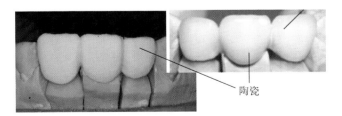

陶瓷

（6）堆瓷 烧结

彩图2 金属烤瓷修复体的制作环节

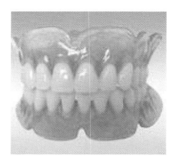

彩图 3　塑料的应用

彩图 4　金沉积基底冠

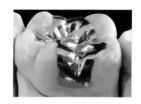

彩图 5　金沉积嵌体

彩图 6　金沉积双套冠

彩图 7　钴-铬合金烤瓷冠内镀金

彩图 8　钴-铬支架、基托

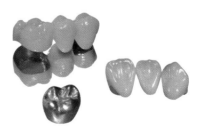

彩图 9　贵金属烤瓷修复体

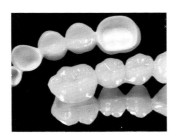

彩图10　氧化锆全瓷（内侧）
长石瓷饰面（外侧）

彩图 11　18-8铬镍不锈钢丝卡环、
塑料基托

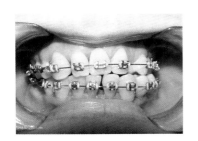

彩图 12　矫治器

彩图 13　钛合金支架

彩图 14　非贵金属固定桥

彩图 15　钛合金种植体